AF645044

DUNJA SUPP

Mein Kreativ- **BUSINESS**

Haupt
GESTALTEN

DUNJA SUPP

Mein Kreativ-BUSINESS

UNTERNEHMENSGRÜNDUNG IM KREATIVBEREICH – INFOS, TIPPS UND CHECKLISTEN

Haupt Verlag

INHALT

VORWORT

KAPITEL 1 10
DIE ERSTEN SCHRITTE IN DIE SELBSTSTÄNDIGKEIT
Bin ich eine Unternehmerin / ein Unternehmer? 11
Selbstständigkeit als Reise
Du bist dein Business
Sicher ist sicher?
Bereit für die Selbstständigkeit?
Was ist dein Warum? 18
Dein Herzensthema
Von Tankern und Segelschiffen
Stolpersteine von Anfang an umschiffen
Freiheit und Verantwortung
Wie lässt sich die Selbstständigkeit in dein Leben integrieren? 26
Freie Zeiteinteilung und Selbstorganisation
Das Vision-Board 29
Anwendungsmöglichkeiten

KAPITEL 2 32
WIE STARTE ICH? RECHTLICHE GRUNDLAGEN
Unterschied Hobby – Gewerbe 33
Ein Gewerbe anmelden
Unternehmensformen 37
Das Kleinunternehmertum
Das Einzelunternehmen
Die Gesellschaft bürgerlichen Rechts
Die Künstlersozialkasse
Steuerliche Grundlagen 39
Der Gewinn
Die Rechnungsstellung
Haftungsrecht & Co. 43
Kennzeichnungspflichten
Urheberrecht, Markenschutz, Lizenz-Verletzungen
Impressumspflicht, Datenschutz, DSGVO 46
Das Impressum
Datenschutz und DSGVO
Finanzielle Förderungsmöglichkeiten 47
Der Gründungszuschuss
Der Businessplan
Energiebooster: das Rezept 49

KAPITEL 3 50
SORTIMENT, PREISGESTALTUNG UND VERTRIEBSWEGE
Der Aufbau eines Sortiments 51
Konzentration
Stimmigkeit
Von Bestsellern und Longsellern
Der Wiedererkennungswert
Lieferanten
Vertriebswege – online und offline 57
Der Online-Shop
Das Ladengeschäft
Die Preiskalkulation 60
Kosmetiktäschchen: die Nähanleitung 62

KAPITEL 4 64
WORKSHOPS PLANEN, VERMARKTEN UND LEITEN
Einen Workshop planen 65
Der Workshop-Markt
Die Art des Workshops
Der Raum und die Teilnehmerzahl
Die Zeitplanung
Die Kalkulation
Dein Workshop-Angebot vermarkten 72
Die Workshops ausschreiben
Das Workshop-Angebot ausbauen
Deine Zielgruppe erreichen
Einen Workshop leiten 76
Lavendelsäckchen: die Nähanleitung 78

KAPITEL 5 80
DEINE SICHTBARKEIT
Warum du dich zeigen musst 81
Offline: dein Marktstand 83
Die Präsentation
Dein Online-Shop 86
Trainingsfeld Online-Shop
Wohin mit dem Online-Shop?
Online-Dumping?
Dein Online-Erscheinungsbild
Wimpelkette: die Nähanleitung 89

KAPITEL 6 90
SOCIAL MEDIA
Social-Media-Marketing 91
Du und deine Community
Den eigenen Social-Media-Account starten 94
Die ersten Schritte
Die liebe Technik
Nettiquette
Posting-Ideen 97
Vom Mehrwert und Nutzen
Business-Insights
Story-Telling
(Inter-)Aktionen
Inspirationen
Verlinkungen
Keine Angst vor Wiederholungen
Was ist ein Launch?
Übungsaufgabe: deine Instagram-Story 107

KAPITEL 7 108
WARUM BILDER WICHTIG SIND
Ein paar Foto-Basics 109
Die Ausrüstung
Die Bildbearbeitung
Die einheitliche Bildsprache 113
Wie soll's aussehen?
Themenwelten schaffen
Das Foto-Styling 114
Der Hintergrund
Die Dekorationen
Die Bild-Aufteilung
Das Flatlay
Bist du im Bilde? 116
Fotos für Online-Shop und für Social Media 117

KAPITEL 8 118
BRANDING
Du, dein Branding und dein Warum 119
Dein Markenkern
Branding im Wandel
Die innere Guideline

Dein Gestaltungskonzept 124
Ein bisschen Farbpsychologie
Expertise und Beratung
Gutschein: die Anleitung 127

KAPITEL 9 128
MOTIVATION UND KRISENMANAGEMENT
Krise als Chance 129
Die liebe Konkurrenz 132
Motivation und die notwendigen Zeitfenster 134
Raum für dich

KAPITEL 10 136
REFLEXION UND SELBSTORGANISATION
Reflexion 137
Feedback-Runde mit dir selbst
Selbstorganisation 139
Dein Energie-Haushalt
Über die Wichtigkeit von Pausen
Planung und Rituale

KAPITEL 11 144
RUND UMS LIEBE GELD
Der Wert kreativer Arbeit 145
Von Reichweiten und Gratisbrötchen
Geld planen – Wünsche, Ziele, Zahlen 147
Die Umsatzplanung
Finanzpolster
Der Businessplan

KAPITEL 12 152
WEITERBILDUNG
Der Blick von außen 153
Investition in dich selbst
Lernen im Netzwerk
Stetige Weiterentwicklung 155

Dank 158
Weiterführende Literatur und Quellen 159

VORWORT

Als ich klein war, gab es in unserem Ort einen Buchladen. Die ganzen Geschichten in den Regalen empfand ich einst als Magie. So viele Welten und unendliche Ideen, die in Buchstaben festgehalten wurden. Dieser Ort strahlte etwas aus, das mich berührte.

Später, als Teenager, engagierte ich mich in der Schülerzeitung. Es waren die 1990er, wir schrieben Artikel über unseren Ort, die Weltpolitik und die Dire Straits. Nach der Schule wollte ich unbedingt Germanistik und Journalismus studieren – ich ergatterte ein Praktikum in der Lokalredaktion der *Stuttgarter Zeitung*. Eine neue Welt lag vor mir. Ich interviewte Ion Țiriac (seinerzeit Manager von Boris Becker) und den Kultusminister Gerhard Mayer-Vorfelder. Sogar ein kurzes Interview mit Lothar Späth, dem damaligen Ministerpräsidenten, ließ man mich schreiben ... und die *Stuttgarter Zeitung* bot mir ein Volontariat für die Zeit des geplanten Studiums an. Am Ziel der Träume!

„Es gibt zwei Arten, sein Leben zu leben: entweder so, als wäre nichts ein Wunder, oder so, als wäre alles ein Wunder."

Albert Einstein

Dann kam alles anders. Meine Mutter erkrankte schwer und es wurde klar, meine Familie würde mich finanziell nicht unterstützen können. Also Planänderung! Wir schrieben das Jahr 1992 und der bestbezahlte Ausbildungsberuf war die Bankkauffrau. Ich bewarb mich (mit einer dicken 5 in Mathe) – und bekam einen Ausbildungsplatz. Mein Ziel? Ein Polster zusammensparen und nach der Ausbildung studieren. Womit ich nicht gerechnet hatte: Mir machte die Bank Spaß. Wir waren ein junges Team und ich entdeckte, dass ich gerne Beratungsgespräche führe und dass mich Marketing-Themen interessieren. Als die Bank anbot, ein berufsbegleitendes BWL-Studium zu finanzieren, nahm ich an.

Schließlich zog ich von Stuttgart nach Mainz, wo ich meinen Mann kennenlernte. Die Stadt und die Leute gefielen mir, hier wollte ich bleiben. In all der Zeit nähte ich für unsere Kinder und unser Zuhause. Mir war nie bewusst, dass das nicht jeder tut, ich dachte, alle Menschen nähen ihre Gardinen selbst ... Stoffe waren in meinem Leben immer wichtig, als kleines Kind war ich tagsüber, während meine Mutter arbeitete, bei meiner Oma Lina. Und wir haben zusammen unendlich viel genäht, gehäkelt, gestrickt, gegärtnert und gekocht. Alles, was ich übers Selbermachen gelernt habe, stammt von ihr. Nachhaltiges Wirtschaften war bei ihr eine Haltung, die aus dem allertiefsten Inneren kam. Zum Einen aus der Erfahrung der Weltwirtschaftskrise und des Weltkriegs, zum Anderen dank ihres Wissens, dass jede Ressource wertvoll ist.

In den 2000ern knatterte ich also fröhlich zu Hause auf meiner Discounter-Nähmaschine herum. Plötzlich kamen von den Nachbarinnen und Freundinnen kleine Aufträge. „Kannst du mir auch so eine Kinderhose nähen?“ „Oh, die Tasche ist schön, nähst du mir auch eine?“ Ich meldete ein Gewerbe an, startete einen DaWanda-Shop und machte so meine Erfahrungen. Bei einer Internet-Recherche nach hübschen Stoffgeschäften stieß ich auf das *Stoffhaus* in Dreieich, das es inzwischen leider nicht mehr gibt. Doch damals packte ich drei kleine Kinder samt meinem Mann ein und wir fuhren eine Dreiviertelstunde durchs Rhein-Main-Gebiet. Als ich in diesem wunderschönen Ladengeschäft stand, kriegte ich den Mund nicht mehr zu. In dem Moment wusste ich: Genau das will ich. Unbedingt, aus tiefstem Herzen. Wie wenn man sich verliebt – es ging durch Mark und Bein.

Den Rest der Geschichte erzähle ich euch in diesem Buch. Hier nur so viel: 2018 stand ich in meinem eigenen wunderschönen Ladengeschäft und mir fiel auf, dass alles, was ich in meinem Leben für einen Umweg hielt, mich zu meinem Ziel brachte: Durch mein betriebswirtschaftliches Know-how wusste ich, wie ein Geschäft zu führen ist. Meine Erfahrungen in der Bank mit Kunden und im Marketing zahlten sich jetzt aus. Meine Yoga-Lehrerinnen-Ausbildung half mir, die Workshops zu leiten. Die Organisationserfahrungen vom Golfturnier in der Bank bis hin zu Kinder-Turn-Festen waren hilfreich bei den Kinderkursen und Kindergeburtstagen. Das Fundament vom Ganzen? All die Geschichten, die meine Oma mir erzählt oder im Alltag vorgelebt hatte.

Hier bin ich nun, 47 Jahre alt, und darf mich Autorin nennen. Das war ja irgendwie der Plan. Und Journalistin bin ich auch geworden ... Ich schreibe einen Blog, den Hunderte von Menschen täglich lesen. Das Leben ist eine Reise, die zu uns selbst führt, so empfinde ich das. Also, hör auf dein Herz! Doch Kalendersprüche à la „Lebe deinen Traum“ bringen dich nicht weiter. Du brauchst eine solide Basis und Informationen, wie man ein Kreativ-Business aufbaut, führt und weiter ausbaut.

Hier erzähle ich von meinen Erfolgen und Learnings. Ich gebe dir den theoretischen Unterbau und rechtlichen Rahmen für dein Business. Du musst meine Fehler ja nicht wiederholen.

Ich wünsche dir für deine Ideen viel Erfolg!

KAPITEL 1

DIE ERSTEN SCHRITTE IN DIE SELBSTSTÄNDIGKEIT

Bin ich eine Unternehmerin / ein Unternehmer?

Meiner Meinung nach ist Selbstständigkeit die natürlichste Form der Arbeit: dein Tempo, deine Ideen, deine Projekte. Für mich fühlt es sich völlig normal an. Aber ich komme aus einer Familie, in der die Menschen seit Generationen selbstständig sind. Das prägt. Doch kann ich verstehen, dass einem dieses Modell erst einmal fremd ist. Denn selbstständig zu arbeiten, ist nicht unbedingt die Norm. Wenn du in deinem Umfeld eher Angestellte oder Beamte kennst, dann ist es für manche Menschen schon fast exotisch.

Selbstständigkeit: deine Arbeit passend zu deinem Lebensentwurf gestalten

Selbstständigkeit kannst du als großes Wagnis und Chance zugleich begreifen. Kein Wunder, wenn gerade zu Beginn allerhand Fragezeichen in deinem Kopf aufleuchten. Die vielen Aspekte, die sich vor dir auftürmen, erscheinen wie ein riesengroßer, unüberwindbarer Berg. Und: Der Respekt vor dem, was da auf dich zukommt, ist berechtigt.

Auf Instagram & Co sieht es oft so leicht aus ... Aber vergiss nie, dass Instagram eine große Bühne und vor allem ein Marketinginstrument ist. Die Realität im Kreativbereich ist nicht immer so kuschelig. Das ist ein hart umkämpfter Markt, in dem alle ihr Stück vom Kuchen abhaben möchten.

Sobald du einen Gewerbeschein in der Hand hältst und beginnst, ernsthaft dein Sortiment zu planen, bist du Unternehmerin. Das wirst du aber nicht über Nacht, so wie man auch nicht mit dem 18. Geburtstag schlagartig erwachsen wird. Das ist ein Prozess, eine schrittweise Entwicklung: Unternehmerisch tätig zu sein heißt, sich immer wieder neu zu justieren, flexibel zu bleiben.

Auf Seite 16/17 findest du eine Checkliste mit Fragen für dich. Mit diesen Denkanstößen kannst du überprüfen, wie du über das Thema Selbstständigkeit denkst.

Selbstständigkeit als Reise

Der Weg in die Selbstständigkeit ist meistens nicht geradlinig, sondern eher ein Prozess, eine Art Reise – so wie in dieser kleinen Geschichte: Stell dir vor, du möchtest nachts mit dem Auto von Mainz nach Hamburg fahren. Du kannst nicht den ganzen Weg sehen und weißt auch nicht genau, wann du ankommst. Vielleicht gibt es einen Stau oder Baustellen auf der Strecke, Umleitungen, die deinen Weg verzögern. Du kannst nur so weit sehen, wie die Scheinwerfer leuchten, allein den Lichtkegel. Aber du hast eine Karte ebenso wie das Vertrauen, dass du ankommen wirst. Und es gibt einen groben Plan, wie du fahren möchtest. Auf dem Weg werden dir tolle Dinge begegnen. Vielleicht entscheidest du dich unterwegs, dass Lübeck die viel schönere Stadt ist, und fährst dorthin. Vielleicht auch nicht. Das alles weißt du zu Beginn deiner Reise noch nicht.

„Mache es wie der Vogel, der nicht aufhört zu singen, auch wenn der Ast bricht. Denn er weiß, dass er Flügel hat."
Don Bosco

Bei der Selbstständigkeit zeichnest du die Landkarte für deine Reise selbst. Ich lade dich ein, die Reise zu genießen und zu feiern. Den Weg wertzuschätzen und nicht nur das Ziel. Unterwegs gibt es tolle Begegnungen und interessante Sehenswürdigkeiten, die du, wenn du einfach nur rasch vorbeigeeilt wärst, nicht gesehen hättest. Ja, und vielleicht hast du unterwegs Hindernisse zu überwinden. Aber wenn du das geschafft hast, kennst du neue Techniken zur Problemlösung. Das wird dir Kraft geben, weitere Herausforderungen anzunehmen. Und du kannst dir sagen: Das und das habe ich schon geschafft, dann schaffe ich das Nächste auch.

Es gibt verschiedene Wege zu deinem Ziel. Mag sein, dass du erst einmal Schrittchen für Schrittchen startest. Ebenso gut kannst du direkt das Gesamtprojekt angehen. So oder so, wichtig ist, ein klares Ziel vor Augen zu haben, ein Bild, auf das du hinarbeitest. Aber das Bild ist nicht in Stein gemeißelt, sondern eher mit Bleistift vorskizziert – und du hast den Stift in der Hand, um es zu ändern. Es braucht ein bisschen Vertrauen in dich und in die Zukunft. Go with the flow ...

Übrigens: Du hast bereits alles, was es braucht, um eine Unternehmerin oder ein Unternehmer zu sein. Allein dass du dieses Buch gekauft hast, beweist es. Du machst dir Gedanken über das Thema, du stellst dir Fragen dazu. Und du hast beschlossen, nicht mehr alles nur theoretisch im Kopf durchzuspielen, sondern beginnst dich konkret zu informieren. Das ist genau das, was Unternehmerinnen und Unternehmer tun. Sie unternehmen etwas.

Du bist dein Business

Der Kern deines Business bist DU. Warum gehen wir gerne in ein Geschäft, ganz egal, ob „in echt" oder digital? Wir fühlen uns aus irgendeinem Grund davon angezogen, der Gedanke, dorthin zu gehen, löst Vorfreude und Wohlbehagen aus. Klar, online hängt es manchmal schlicht vom Preis ab. Aber trotzdem lande ich selbst im Netz immer bei den Geschäften, in denen ich mich wohlfühle.

Am Anfang habe ich gar nicht verstanden, dass die persönliche Note die entscheidende Rolle spielt. Auf meinen Schildern draußen an meinem Ladengeschäft stand noch nicht einmal mein eigener Name, nur die Firma. Erst viel später habe ich begriffen, dass die Menschen in mein Geschäft kommen, weil sie die dortige Atmosphäre lieben. Und weil sie meine Vorstellungen, Ideen, den ganzen Stil schön finden.

In einem kleinen Geschäft kannst du nicht mit einem Riesen-Sortiment punkten. Du hast am Anfang nicht die Mittel und sowieso nicht den Platz, jeden Kundenwunsch abzudecken. Deswegen macht es viel mehr Sinn, sich damit zu befassen, was der Beweggrund hinter deiner Unternehmung ist.

Wie genau sieht dein Stil aus? Was sind deine Farben, deine Materialien, deine Angebote? Wenn du es bunt und lustig magst, dann wirst du genau die Kundinnen anziehen, die deinen Stil mögen. Sie werden bei dir vermutlich nichts in Skandinavisch-Schlicht finden – und werden es dort gar nicht suchen ... Du bist das Herz, der Kern deines Geschäfts. Dazu musst du auch nicht laut und extrovertiert sein. Du brauchst wirklich nur du selbst zu sein. Aber genau das kostet oft viel, viel Mut.

Mehr dazu gibt's ab Seite 119.

Eine ländliche Region in Franken: In dem Ort, in dem ich gerne Urlaub mache, gibt es vier (!) Wollgeschäfte. In das eine gehe ich nie, denn das hat grelle Neon-Leuchten und einen sehr sterilen Charme. Meistens muffelt sich hinter der Ladentheke das Inhaber-Ehepaar an. Das zweite hat eine Inhaberin, die permanent hinter ihren Kundinnen herläuft und alles kommentiert. Da kann ich nicht denken. Das dritte ist so vollgestopft, dass ich das Gefühl habe, keine Luft zu bekommen. Und es gibt ein Geschäft, da hängt am Regal ein gestricktes Musterstück, es gibt einen Blog mit kleinen Anleitungen und auf Instagram werden immer mal wieder die neuen Waren vorgestellt. Da schaue ich auch zu, wenn ich gerade nicht vor Ort im Urlaub bin. Die Inhaberin und Kolleginnen bieten an, dass man sie bei Fragen ansprechen kann, und lassen mich ansonsten erst einmal in Ruhe schauen. Es riecht dort immer gut und ein bisschen Musik plätschert im Hintergrund.

Klar, wohin ich gehe. Und dort ist es auch nicht superfancy, die Ware ist im Ikea-Regal ausgestellt und im Grunde bieten alle vier die gleichen Hersteller an. Aber ich gehe immer nur in das eine Geschäft. Weil ich da spüre, dass sich jemand Gedanken gemacht hat. Da bekomme ich Ideen und Inspiration und kaufe immer viel mehr als geplant. Es macht Freude, dort zu sein und sich umzuschauen, ich bin gerne in dieser Umgebung. Würden sich da Menschen hinter der Ladentheke anmeckern, würde ich mich da wohlfühlen? Und wenn Dinge lieblos in der Plastiktüte auf dem Boden stünden?

Aus dem Nähkästchen

Du schaffst um dich herum eine Atmosphäre. Das tust du mit deinem Ladenlokal ebenso wie mit deinem Online-Auftritt – auf die liebevollen Details kommt es an. Und die Menschen, die sich für dein Geschäft entscheiden, werden oft treue Stammkunden, die dich von Herzen weiterempfehlen.

Mehr zu Workshops findest du ab Seite 65.

Rein wirtschaftlich betrachtet, ist es sehr aufwendig, permanent neue Kundinnen suchen zu müssen. Deshalb sind Stammkundinnen und Stammkunden so viel wert. Zwar solltest du dich nicht allein auf die Stammkundschaft verlassen, aber es ist von großer Wichtigkeit, einen harten Kern aufzubauen. Gerade im kreativen Bereich, wo du sehr gut Workshops anbieten kannst, entstehen oft feste Kundenbindungen.

Sicher ist sicher?

Vielleicht geht dir durch den Kopf, was andere von deiner Idee halten. Denn teilst du deinen Lieben mit, dass du dich selbstständig machen möchtest, beginnen viele, sich Sorgen zu machen. Eine Festanstellung gilt immer noch als der Gold-Standard. Dabei habe ich um mich herum so oft erlebt, dass selbst große Firmen ins Straucheln geraten können. Abgesehen davon, dass in diesen Riesen-Apparaten nicht unbedingt eine tolle Arbeitsatmosphäre herrscht … Als ich 1992 eine Bankausbildung begann, war klar: Damit hat man immer Arbeit, das ist ein sehr sicherer Beruf. Denn 1992 war von Digitalisierung noch nichts zu erahnen. 2021 kann ich meinen Kindern eine Bankkarriere nicht bedingungslos empfehlen. Wir leben im Umfeld von Frankfurt und sehr viele Banker sind oder werden gerade arbeitslos …

Letztlich geht es einzig und allein darum, was für dich in deiner Lebenssituation richtig ist. Wie du dich in einem Angestelltenverhältnis fühlst. Klar, wenn du 20, 30 Jahre in einem großen Unternehmen tätig warst, gibt es Abfindungen etc. Aber was bringt das am Ende, wenn du Jahre oder Jahrzehnte einen Job hattest, den du nicht mochtest? Auch das gehört in die Waagschale. Denn, so trivial es klingt, wir haben nur ein Leben. Und das betrachte ich als ein großes Geschenk. Ich möchte nicht acht Stunden frustriert verbringen, schon gar nicht täglich. Ich kenne so viele Coachees von mir, die mit einem enormen Gefühl der Erleichterung ihre Jobs gekündigt haben.

Das heißt aber auch, dass Altersvorsorge, Krankenversicherung, Bildung von finanziellen Rücklagen, Privatrente usw. in deiner Hand liegen. Dementsprechend solltest du dir genaue Gedanken machen, wie deine aktuelle Situation aussieht und auf welchem Weg du dein Ziel erreichen kannst.

Deshalb mag ich die Variante, klein zu starten – ohne Risiko und große Investitionen. Einfach starten und sehen, wie sich das für dich anfühlt. Erkennen, worauf du dich bei einer Selbstständigkeit einlässt, fühlen, was es mit dir macht. Die Freude erleben und den Frust aushalten. Im Zeitalter von Social Media und einfach zu erstellenden Online-Shops ist vieles möglich!

Klein starten – ein großer Schritt!

Mit dieser Checkliste kannst du deine vorhandenen Ressourcen ergründen. Was ist bereits da an Kenntnissen und Mitteln? Was kannst du in Hinblick auf Persönlichkeit und Lebenssituation noch klären? Hier ist nichts richtig oder falsch – und es gibt keine Fleißsternchen.

Übrigens: Ich finde es hilfreich, seine Gedanken aufzuschreiben. Am besten kaufst du dir ein hübsches Notizbuch für all deine Überlegungen. Denn so sehr ich digitale Organisations-Tools schätze: Von Hand geschriebenen Worten wohnt eine bestimmte Kraft inne – dein Gehirn verarbeitet Informationen und Ideen anders, wenn du sie auf Papier notierst.

Bereit für die Selbstständigkeit?

- Wie ist deine Grundhaltung zu selbstständiger Arbeit? Ist der Gedanke daran eher mit Vorbehalten besetzt? Oder spürst du eine große Freude, dein eigenes Ding zu machen?
- Willst du nebenberuflich starten oder direkt in Vollzeit als Kreative arbeiten?
- Bist du bereit, eine große Menge Arbeit zu investieren? Wie steht es um deine Belastbarkeit?
- Welche Fähigkeiten und Ausbildungen hast du? Wie können dir diese in deinem neuen Business helfen? Denke auch an Ausbildungen, die im ersten Moment nichts mit deiner Geschäftsidee zu tun haben.

- Welche Fähigkeiten müsstest du dir noch aneignen?

- Welche Arbeiten gehen dir nicht so gut von der Hand?

- Wozu bräuchtest du nähere Informationen?
  Und wo kannst du diese bekommen?

- Wie gehst du grundsätzlich mit Problemen und Hürden um?
  Magst du Veränderungen?
  Siehst du eher die Schwierigkeiten oder fokussierst du dich schnell auf mögliche Lösungswege?

- Wie perfektionistisch bist du?
  Stehst du dir manchmal mit deinem Perfektionismus selbst im Weg?

- Wie steht es um deine Finanzen?
  Dokumentiere dein Vermögen, deine Schulden, deine Einkünfte und deine Fixkosten für einen ersten Überblick.

- Hast du einen finanziellen Puffer?
  Wie könnte ein Finanzierungsmodell aussehen?

- Wie steht es um deine Zeit?
  Dokumentiere deine täglichen Tätigkeiten mit genauen Zeitangaben.
  Wie viel Zeit könntest du pro Tag realistischerweise für dein Business einplanen?

- Wie viel Zeit und vor allem Energie kannst du gerade zu Beginn investieren?
  Hast du in deinem Umfeld kleine Kinder, pflegst du Angehörige oder stemmst ähnliche Herausforderungen?

- Wie könntest du deinen Alltag strukturieren, damit du deiner Arbeit gut nachgehen kannst?

- Woruber müsstest du dich mit Partner, Familie, Arbeitgebern verständigen, um Reibungspunkte zu vermeiden?

Was ist dein Warum?

Veränderung ist das Wesen eines kreativen, selbstständigen Lebens – und es ist wichtig, sich dessen bewusst zu sein.

Die Frage, warum du aus deiner kreativen Neigung ein Business machen möchtest, ist wirklich *wichtig*. Das wird der Antrieb sein, der dich in den nächsten Jahren trägt.

Es wird Phasen geben, in denen das Ganze nicht so einfach ist. Wenn du beispielsweise private Herausforderungen parallel zu bewältigen hast oder manche Dinge nicht so laufen wie geplant. Dann ist es entscheidend zu wissen, warum du das machst. Sonst ist das ganze Projekt auf Sand gebaut und nicht besonders tragfähig. Welche Überzeugungen lassen dich zu diesem Schritt kommen? Wer sind deine Vorbilder?

Dein Herzensthema

Gerade im kreativen Bereich geht es darum, seine Ideen in die Realität umzusetzen. Du solltest dir aber vor dem Start darüber klar werden, was deine Passion ist. Den Fokus auf ein Thema halte ich für wichtig. Das muss nicht absolut strikt sein, viele Talente lassen sich auch miteinander verknüpfen, Kochen und Fotografieren kann dich beispielsweise zur Food-Fotografin machen ... Manchmal ist es nicht so einfach, eine einzige Passion herauszufiltern. Oft interessieren sich kreative Menschen für mehr als nur ein Thema. Und ja, manchmal startet man ein bestimmtes Business, es entwickelt sich weiter und man landet plötzlich in ganz neuen Tätigkeitsfeldern. So habe ich mit fertig genähten Produkten angefangen und bin dann relativ schnell zur Workshopleiterin geworden. Während der Coronaphase habe ich den Online-Shop in den Vordergrund gestellt und der Online-Handel wurde in dieser Zeit zur Haupt-Einnahmequelle.

Aus dem Nähkästchen

Mein Warum war immer mit Stoffen verbunden – mit dem Wunsch, das traditionelle Handwerk des Nähens und die Freude daran mit anderen zu teilen. Dazu gehören für mich der Stoffeinkauf für den Laden, das Bloggen von Inspirationen und die Begeisterung, wenn jemand meine Ideen nacharbeitet oder weiterentwickelt. Klassische Ladengeschäfte habe ich schon immer geliebt und ich wusste ganz einfach, dass ich eines Tages hinter so einem Tresen stehen wollte.

Nähen, Unterrichten und Schreiben zu verbinden und damit meinen Lebensunterhalt verdienen zu können, das ist es, was mich antreibt. Und dazu das Glück, eine Gemeinschaft gefunden zu haben, die mich auf diesem Weg begleitet, sowohl unter KollegInnen als auch unter Kunden/-innen und Followern. Ich schreibe viel über den Stellenwert von handgemachten Dingen und darüber, wie wunderbar uns das kreative Tun verbindet.

Dein Warum für dein DIY-Business

- Bei welchem Thema rufst du laut „Ja!"?
- Worum kreisen deine Gedanken?
- Was findest du spannend?
- Gibt es etwas, das dich morgens vor lauter Ungeduld aus dem Bett hüpfen lässt, weil du es nicht erwarten kannst, damit loszulegen?
- Was bringt dein Herz zum Schwingen, deine Augen zum Leuchten?
- Was bringt dich zum Lachen?

Manchmal ist dein Warum gar nicht das Offensichtliche. Es gibt eine wunderbare Rede von Steven Spielberg dazu, in der es sinngemäß heißt: Deine Träume springen dir nicht laut schreiend mitten ins Gesicht. Deine Inspiration, deine Intuition, das innerste Menschliche, wofür du gemacht wurdest ... dieser Ruf ist nicht laut. Er ist manchmal ganz leise. Ihn zu hören, ist nicht leicht. Denn deine Inspiration ruft nicht ... sie flüstert.

Hör bei der Beantwortung dieser Fragen also genau hin. Das Leben ist ein Geschenk, ein großes Geschenk. Und es ist etwas Besonderes, als Mensch im 21. Jahrhundert zu leben, mit Zugang zu den vielen digitalen Möglichkeiten. Die Generationen vor uns hatten nicht die Chancen, die wir heute haben. Ich kenne in meinem Umfeld keine Frau, die sich in den 1990ern mit Mitte 40 erfolgreich in einem Herzensbusiness selbstständig gemacht hat. Heute, fast 30 Jahre später, ist das gesellschaftlich (fast) völlig akzeptiert und je öfter wir das sehen, desto mehr wird es zur Normalität.

Dein Warum ist deine Aufgabe hier auf dieser Erde. Deshalb ist diese Frage so wichtig. Deine Talente sind dein Geschenk an die Menschheit. Das klingt groß – aber das ist es ja auch. Und gleichzeitig ist es einfach: Dein Umfeld wird gewinnen, wenn du deine Gaben teilst.

Aber mach dich nicht verrückt. Nimm dir einfach die Zeit, genau hinzuhören und genau zu fühlen, wenn dich die Begeisterung packt. Dann bist du auf einem guten Weg.

Aus dem Nähkästchen

Bereits in meinem BWL-Studium war mir klar, dass das, was ich da lerne, nicht so ganz stimmen kann. Wenn wir von einem permanenten Wirtschaftswachstum ausgehen, dann muss irgendwann einmal eine Grenze erreicht sein. Und ich wollte schon 1994 drüber nachdenken, wie Wirtschaften und Geldverdienen auch anders gehen kann, mehr im Einklang mit der Natur und mit Respekt vor unseren Ressourcen. Diese Bewegung gab es bereits in den 1960ern und 1970ern, aber eher in der Hippie-Abteilung, diese wurde in der Wirtschaft nicht unbedingt als etwas Handfestes gesehen. Auch heute wird man im kreativen Bereich manchmal belächelt und nur bedingt ernst genommen. Ich hatte das mit meinem neuen Steuerberater, dem ich beim Erstgespräch ansehen konnte, dass er mein Unternehmen für eine kleine Sache am Rande des Hobby-Bereichs hielt. Als ich ihm die ersten Zahlen schickte, sah er das schnell anders. Und genau darum geht es mir: Zu zeigen, dass man mit einer neuen Art zu produzieren und zu konsumieren auch wirtschaftlichen Erfolg haben kann.

Von Tankern und Segelschiffen

In der Bank, in der ich früher arbeitete, waren die Karriere-Wege wie eine Autobahn: Es gab die Möglichkeit, in Führungsebenen oder in Stabstellen Stufen zu erklimmen. Immer eine nach der anderen – und auch nur, wenn das entsprechende Pöstchen gerade frei wurde. Oft hatten die Entscheidungen der nächsthöheren Führungsebene wenig mit Qualifikationen zu tun, sondern es ging darum, wer mit wem gut konnte. Wenn man einmal einen Weg eingeschlagen hat, ist es in großen Strukturen meiner Erfahrung nach auch sehr schwierig, sich für eine völlig neue Richtung zu entscheiden. So ein großes Unternehmen kommt mir immer vor wie ein Tanker: Bis man das Ganze um 180° gewendet hat, dauert es seine Zeit.

Kleine Unternehmen hingegen sind wie Segelschiffe: Wenn ich in meinem Laden entscheide zu wenden, dann rufe ich meinem Team zu: „Klar zur Wende!". Und innerhalb von Stunden haben wir das komplette Geschäftsmodell gedreht. Sehr deutlich wurde das im März 2020, als Corona in unser Leben trat. Innerhalb von drei Tagen konnten wir aus einem Workshop-Atelier einen Online-Shop zaubern. Die Workshops haben vor Corona über 60 % unseres Umsatzes ausgemacht – und wir brauchten nur eine halbe Woche, um dem ganzen Business eine komplett neue Richtung zu geben.

Aus dem Nähkästchen

Was mir an der Selbstständigkeit so gut gefällt

- *Ich entscheide, welche Projekte und Ideen ich umsetze, und setze den zeitlichen Rahmen dafür. Dafür brauche ich keine Rücksprache mit einer übergeordneten Stelle.*
- *Ich bestimme meine Arbeitszeiten, das Arbeitspensum und den Arbeitsort.*
- *Ich entscheide, ob ich im Schlafanzug zu Hause in meinem Sessel arbeite, im Hosen-Anzug hinter meinem Laden-Tresen stehe – oder im Ringel-Shirt.*
- *Ich stelle mein Team selbst zusammen.*
- *Die Firmen, mit denen ich zusammenarbeite (Lieferanten, Großhändler oder Dienstleister) suche ich mir selbst aus. Wenn ich mich bei einer Kooperation nicht wohlfühle, dann beende ich sie. Klar, ist da manchmal finanzieller Druck, und natürlich kann ich manchen Kunden in meinem Laden auch nicht direkt sagen, was ich über ihr Verhalten gerade denke. Aber ich muss mit jemandem, der mir so gar nicht liegt, nicht mehr als die grundlegenden Höflichkeiten austauschen.*
- *Kooperationen, die zwar Geld bringen, aber von Beginn an ein schlechtes Gefühl im Magen verursachen, kann ich absagen.*
- *Wenn irgendjemand aus meinem engsten Kreis meine Hilfe braucht, kann ich sofort alles stehen und liegen lassen und für meine Lieben da sein.*
- *Wenn mich ein Thema interessiert, kann ich Kurse, Workshops etc. buchen und mich weiterbilden, ohne nach irgendeiner Genehmigung fragen zu müssen.*
- *Die persönliche Weiterentwicklung, das Selbstbewusstsein, das ich mir durch meine selbstständige Arbeit aufgebaut habe, ist unbezahlbar.*
- *Wenn ich meine Firma vergrößern und ausbauen möchte, dann bestimme ich meinen eigenen (Karriere-)Weg.*

Stolpersteine von Anfang an umschiffen

Nach all den unbestreitbaren Vorteilen der Selbstständigkeit sollten die Herausforderungen nicht verschwiegen werden. Denn natürlich ist die Selbstständigkeit nicht immer eitel Sonnenschein. Und sicherlich gibt es einige Themen, die nicht ganz einfach sind. Aber mit guter Planung kannst du diese von Anfang an angehen:

Eine gute Vorinformation, Marktanalysen, Beratungen und Coachings, beständiges Weiterlernen und immer ein Ohr an der Zielgruppe sind das A und O. Es reicht nicht, ein Geschäft einzurichten, online wie offline, und dann auf Kundschaft zu warten. Ein vernünftiger finanzieller Puffer und eine gute Finanzplanung sind eine solide Basis für einen guten Schlaf.

Das persönliche oder telefonische Gespräch mit den zuständigen Mitarbeitenden bei Finanzamt, Sozialversicherungen, Künstlersozialkasse und Handels-/Handwerkskammern nimmt oft Druck und Angst. Diese Mitarbeitenden haben die Aufgabe, dich zu beraten. Wenn du freundlich anfragst, findest du im Normalfall Unterstützung.

Freiheit und Verantwortung

Vergiss über all diese Überlegungen nie, dass dein wirkliches Leben deine Familie und Freunde sind. Alles andere ist zweitrangig. Wenn dein Privatleben schwierig ist, dann hat das immer auch Auswirkungen auf deine Arbeit. Die Balance ist das Entscheidende.

Denn du bist nicht deine Arbeit. Deine Arbeit definiert dich nicht – und somit auch nicht dein Erfolg oder Misserfolg. Du bist kein schlechterer Mensch, wenn einmal eine geschäftliche Entscheidung in die Binsen geht. Damit kann man leben, Wunden lecken und weiter. Du bist du, und so wie du bist, bist du genug. Das Schöne an der Selbstständigkeit ist, dass du dich in deinem Tempo und in deine Richtung weiterentwickeln kannst, ohne Zwänge von oben. Dein Karriereweg ist nicht vorherbestimmt wie der klassische Weg in einem großen Unternehmen. Du entscheidest.

Diese Freiheit bringt auch Verantwortung mit sich. Aber am Steuer sitzt du und nicht irgendeine Führungsetage. Wenn du auf das nächste Level gehen möchtest, dann planst du deine nächsten Schritte und Investitionen, du ganz allein. Und niemand wird dich hindern oder blockieren.

Deinen Job, dein Arbeitsumfeld, das gestaltest du. Niemand sonst. Du kreierst deinen Kosmos – also gibt es keinen Grund, sich darüber zu beschweren. Denn wenn etwas (zu) dir nicht passt, dann kannst nur du es passend machen.

Wie lässt sich die Selbstständigkeit in dein Leben integrieren?

Du hast dein ganz individuelles privates und berufliches Umfeld, eine bestimmte Lebenssituation und einen finanziellen Ist-Zustand. Wenn du klein und nebenberuflich in die Selbstständigkeit startest, ist das Risiko überschaubar. Wenn du direkt in Vollzeit einsteigen möchtest, stellen sich dir andere Fragen. Kläre dies genau für dich. Alles ist möglich – welcher Weg zu dir und deinem Leben passt, entscheidest du.

Wichtig ist, dass du Puffer einplanst, sowohl finanziell als auch zeitlich – und nicht zu vergessen, energetisch. Bist du gerade entspannt und ruhig? Oder befindest du dich momentan in einer schwierigen Situation, aus der heraus du etwas verändern möchtest? Das muss gar nicht negativ sein. Doch ist es in diesem Falle gut, vor dem Durchstarten möglichst eine Erholungsphase einzulegen. Oft geht es gar nicht – oder wir denken, dass es nicht geht. Ich persönlich habe gute Erfahrungen mit einem Wochenende im Kloster gemacht, und seien es auch nur ein oder zwei Übernachtungen.

Es nutzt nichts, wenn du zwei freie Stunden am Tag hast, aber von Arbeit / Kinderbetreuung / Pflege etc. so erschöpft bist, dass du am liebsten einfach nur noch aufs Sofa krabbeln möchtest. Plane also realistische Zeiteinheiten und verteidige diese Zeit unter allen Umständen. Dazu muss halt mal die Wäsche liegenbleiben. Mache dein Projekt zu deiner Priorität. Das ist wichtig. Auch und gerade, wenn du erst im Aufbau bist. Klar fließt dann noch nicht so viel Geld und die Bestellungen kommen schleppend … Aber wenn du nicht dranbleibst, wird es nichts werden, da beißt sich die Katze in den Schwanz.

Doch bei allem Engagement für dein Business: Du und deine Lieben sind das Wichtigste, nicht die Arbeit. Kein Mensch denkt vermutlich am Ende seines Lebens, wie gut es war, so viel gearbeitet zu haben. Das Wesentliche ist, deine Arbeit mit deinem Leben so zu verbinden, dass es ein Kosmos wird. Und klar wird es Phasen geben, in denen du deinen Fokus mehr auf das private Umfeld legen wirst. Und Phasen, in denen das Business ganz vorne steht. Aber verlier dich nicht ganz darin.

Freie Zeiteinteilung und Selbstorganisation

Das Positive an der Selbstständigkeit ist die Möglichkeit der freien Zeiteinteilung. Du gewinnst an Flexibilität im Vergleich zu den meisten Tätigkeiten im Angestelltenverhältnis. Mit dieser Freiheit kommt aber auch die Verantwortung dafür, deine Arbeitszeit selbst einzuteilen. Deine Fähigkeit zur Selbstreflektion und Selbstorganisation ist gefragt.

Wenn du mit einem Partner und/oder mit deiner Familie zusammenlebst, ist es manchmal schwierig zu vermitteln, warum dieses Projekt jetzt gerade so wichtig für dich ist und du Zeit dafür brauchst. Gerade der Kreativbereich wird oft als Hobby und Spaßbeschäftigung angesehen. Das ist es nicht. Was du da tust, ist Arbeit. Auch wenn es manchmal nach Geklebe und Geschnipsel aussieht, weil du beispielsweise ein Moodboard gestaltest.

Veränderung braucht Kraft und Einsicht.

Insbesondere in der Familie ist es wichtig, die Aufgaben zu klären und zu verteilen. Im Grunde ist das auch ein guter Moment, Themen anzusprechen, die dir vielleicht schon länger unter den Nägeln brennen. Du richtest jetzt dein Leben neu aus – und dafür benötigt es bestimmt einige Veränderungen.

Neu-Orientierung setzt voraus, dass auch liebgewonnene Dinge auf den Prüfstand müssen. Und Veränderungen sind für viele Menschen beängstigend. Dabei ist das einzig wirklich Beängstigende der Stillstand. Nicht jeder in deinem Umfeld wird deine neuen Wege gut finden. Sehr wahrscheinlich wird es manchmal im Getriebe knirschen.

In meinen Business-Coachings kommen wir immer wieder an den Punkt, wo es um die Unterstützung des Umfeldes geht. Niemand ist eine Insel, und deine Schritte haben Auswirkungen auf deine Lieben – sei es nur, dass sich jemand Sorgen um dich macht und dich so verunsichert.

Fragen wie Kinderbetreuung, Alltagsaufgaben, Phasen, in denen auch größere Kinder intensive Begleitung brauchen, die Pflege von anderen Menschen: Egal, was deinen Alltag bisher ausgemacht hat, manche Absprachen müssen neu getroffen werden. Das gefällt nicht allen, aber ich habe gelernt, dass es das auch gar nicht muss.

Selbst wenn du gerade in einer Phase bist, in der du nur sehr wenig Zeit für dein Business aufbringen kannst, so rate ich dir, es trotzdem zu tun. Jeder mikroskopisch kleine Schritt bringt dich deinem Ziel näher. Stillstand und ewiges Grübeln helfen dir nicht weiter. Schwimmen wirst du nie auf dem Trockenen lernen, sondern du musst dich schon ins Becken begeben.

Mehr zu Selbstreflexion und Selbstorganisation gibt's ab Seite 137.

Als ich dieses Buch geplant habe, stand Corona nicht auf meinem Zettel. Das Virus machte die Planbarkeit des Familienlebens, Schule, Betreuungszeiten etc. auch bei uns sehr schwierig. Dazu mussten wir im Laden permanent neue Entscheidungen treffen, Arbeitszeiten und Öffnungszeiten anpassen, den Online-Vertrieb in den Vordergrund stellen und und und … Es war sehr zeitaufwendig und anstrengend.

An einem gewissen Punkt wusste ich nicht mehr, wann ich mich mit dem Buch befassen sollte. Ich wollte diesem Projekt Priorität einräumen und meine kreativste Zeit ist normalerweise der Abend. Aber in dieser Phase war ich abends so müde, dass mir der Kopf auf die Tastatur sank. Die einzige Lösung war, morgens an dem Buchprojekt zu arbeiten. Mein Umfeld hat erst einmal herzhaft gelacht, weil ich normalerweise vor 10:00 Uhr zu nichts zu gebrauchen bin. Ich wusste aber, das ist meine einzige Chance. So buchte ich mir einen Coaching-Termin und verpflichtete mich, jeden Morgen um 8:00 Uhr meinem Coach ein Foto zu schicken, wie ich am Schreibtisch sitze und arbeite. Das klappte. So konnte ich die beste Energie des Tages in das aktuell wichtigste Projekt stecken.

Aus dem Nähkästchen

Das Vision-Board

Wie könnte dein Leben als Unternehmerin aussehen? Stell dir dein Ziel so konkret wie möglich vor. Dabei hilft, ein wirkliches Bild vor Augen zu sehen, zum Beispiel in Form eines Vision-Boards.

Die Methode ist nicht neu und stammt nicht von mir. Visualisieren war schon immer eine gute Möglichkeit, um eine Idee in die Realität umzusetzen. Manchmal stelle ich mir vor, dass vieles für uns Selbstverständliche irgendwann einmal eine Idee war: der Laptop, auf dem ich gerade schreibe, das Internet, das ich zur Recherche benutze, selbst die Brille, die ich auf der Nase habe ... Meine Großmutter hatte keine Vorstellung davon, dass es einmal so etwas wie das Internet geben würde. Hättest du dir diese Entwicklung vor 25 Jahren vorstellen können? Also, ich nicht. Aber jemand konnte es, und auf die ein oder andere Weise kommen Ideen in die Welt. Das Werkzeug dazu sind wir. Und wenn eine Idee zu dir kommt, dann ist es deine Aufgabe, dieser Idee dabei zu helfen, umgesetzt zu werden. Eine sehr hübsche Betrachtungsweise, finde ich, es gibt ein wunderbares Buch dazu, *Big Magic* von Elizabeth Gilbert.

Was auch immer du tust, du zeigst Menschen deine Idee.

Deine Idee von deinem Business hat einen Einfluss: Wir Kreativen tragen beispielsweise dazu bei, dass das Individuelle und der Wert von Handarbeit wieder mehr Beachtung finden. Das selbst genähte Shirt ist ein Zeichen gegen Fast Fashion und die Ausbeutung von Ressourcen.

Das Bild von deinem Business klar vor dir zu sehen, ist ein guter Wegweiser, eine Art Landkarte. Dieses Bild ist aber nicht in Stein gemeißelt, du kannst es jederzeit anpassen, denn du bist der Gestalter. Deine Reise in die Selbstständigkeit ist nur bedingt planbar, manchmal tun sich unglaubliche Möglichkeiten auf und manchmal glaubst du, ein Projekt funktioniert auf jeden Fall und es geht geradewegs in die Binsen ...

Anwendungsmöglichkeiten

Für mein Vision-Board habe ich einen alten Fensterrahmen von hinten mit Hühnerdraht bespannt. Es lässt sich auch als Foto-Hintergrund, Deko-Element und zur Präsentation auf Märkten oder in einem Laden gut benutzen. Meine Ideen halte ich mit kleinen Klammern oder Wäscheklammern fest: aus Zeitschriften ausgeschnittene Bilder, Fotos, Papierchen, Stoff und Garn-Reste, die ich mag, Farbkombinationen ...

Lass dich bei der Gestaltung deines Vision-Boards davon leiten, welche Bilder dich in Zeitschriften etc. ansprechen. Das sind häufig keine bewussten Entscheidungen und du erkennst erst einige Zeit später, welcher Gedanke hinter deiner Zusammenstellung stand.

Ein Mood-Board zeigt im Vergleich zum Vision-Board eher die Stimmung, die du mit einem neuen Projekt oder Produkt verbindest. Du legst Farben und Formen fest und klärst für dich das Aussehen und die Art der Präsentation, zum Beispiel deiner geplanten Weihnachtsartikel.

Aus dem Nähkästchen

Bevor ich das Wort Vision-Board überhaupt kannte, habe ich mit Anfang 20 ein paar Zeitschriften-Schnipsel in ein Notizbuch geklebt, die mir gefielen. Damals nannte man das noch Collage. Das Lustige ist, dass ich mich an diese Bilder überhaupt nicht erinnern konnte. Aber ich hatte genau diese Kleidungsstücke im Schrank, genau diese Tassen erstanden, genau diese Reisen gemacht und das Haus aus meiner Vorstellung gekauft, als ich das Notizbuch 28 Jahre später wiedersah – so lange hatte es in den Tiefen eines Umzugskartons geschlummert!

MIT ♥ GEMACHT

KAPITEL 2

WIE STARTE ICH? RECHTLICHE GRUNDLAGEN

Unterschied Hobby – Gewerbe

Zuallererst stellt sich die Frage, wo das Hobby endet und das Gewerbe beginnt.
Beispiel 1: Du nähst für dein Kind eine Hose. Dein Kind trägt sie eine Weile und nach einiger Zeit verkaufst du das Stück auf eBay, auf einem Basar oder deiner Nachbarin. Hier handelst du als Privatperson – und dein Gewinn ist nicht steuerlich relevant.

Beispiel 2: Du bist im Stoffgeschäft deines Vertrauens und spielst mit dem Gedanken, dich mit deinen Nähkenntnissen selbstständig zu machen. Du kaufst Stoffe ein und nähst zu Hause einige Pumphosen. Diese bietest du zum Verkauf an – auf etsy, bei deinen Nachbarn, auf dem Kindergarten-Flohmarkt oder im Mami-Kreisel ... In diesem Fall handelst du als Unternehmer/-in. Denn das BGB definiert es als Unternehmertum, wenn du Waren planmäßig gegen Geld anbietest.

Es geht im BGB also allein um deine Absicht – wenn du dich an deine Nähmaschine setzt mit dem Plan, das genähte Produkt später zu verkaufen, wenn du den Stift in die Hand nimmst und eine Postkarte zeichnest, die du gegen Geld unter Leute bringen möchtest. Dabei ist es gleichgültig, ob du Gewinn oder Verlust machst. Es gibt auch keine Mindestgrenze, wie viel du einnehmen darfst, bevor du einen Gewerbeschein brauchst und für dein Produkt haftest. Auch in Österreich und in der Schweiz gibt es hierzu Vorgaben, am besten bei den zuständigen Handelskammern und den Finanzämtern nachfragen und den Gewerbeschein beantragen.

Übrigens: Bei reinen Dienstleistungen im Kreativbereich wie beispielsweise Texten, Illustration oder Grafik handelt es sich nicht um ein Gewerbe, sondern um eine freiberufliche, ebenfalls steuerpflichtige Tätigkeit. Der Verkauf digitaler Produkte wie beispielsweise von Online-Kursen wird hingegen unterschiedlich bewertet und ist von Fall zu Fall am besten mit einem guten Steuerberater zu klären.

Sobald du ein Produkt planmäßig zum Verkauf herstellst, handelst du unternehmerisch, du hast steuerrechtliche und haftungsrechtliche Verpflichtungen. Du benötigst einen Gewerbeschein und haftest für dein Produkt.

Deine Verpflichtungen als Unternehmer/-in nach §14 BGB:

- Die Gewerbeanmeldung bei IHK-Handel oder HWK-Handwerk. Bei deiner zuständigen IHK oder HWK kannst du absprechen, an welche Institution du dich wenden musst. Eine Übersicht über die Handwerksberufe in Deutschland findest du in der Handwerksordnung.
- Du hast die Pflicht zur ordentlichen Buchführung, je nach Rechtsform und Umsatzhöhe.
- Steuerliche Anmeldung. Du kannst dich direkt beim örtlichen Finanzamt melden. Dort erhältst du deine Steuernummer und diese benötigst du für die Rechnungsstellung an deine Kundinnen und Kunden.
- Umsatzsteuerpflicht. Diese entfällt, wenn du (noch) Kleinunternehmer/-in bist. Das bedeutet aktuell in Deutschland: Der steuerpflichtige Jahresumsatz bleibt im Gründungsjahr unter 22.000,- € und im Folgejahr unter 50.000,– €. Einkommenssteuerpflichtig bist du trotzdem!
  In Österreich liegt die Grenze für das Klein-Unternehmertum aktuell bei 35.000,- € jährlich, in der Schweiz bei 100.000 Franken pro Jahr.
- Dein Verkaufserlös ist steuerpflichtig, ab dem ersten Euro! Das betrifft die Einkommenssteuer und je nachdem auch die Umsatzsteuer und Gewerbesteuer.
- Du bist verpflichtet, dich bei der Berufsgenossenschaft zu melden.
  Frag aber bei IHK und HWK nach, ob von dort deine Gewerbeanmeldung direkt weitergeleitet wird.
- Dein Käufer hat dir gegenüber ein Widerrufsrecht (Ausnahmen sind beispielsweise personalisierte Anfertigungen). In Deutschland, Österreich und Schweiz gelten unterschiedliche Bestimmungen für die Fristen beispielsweise bei Online-Verkäufen.
- Du kannst eine Gewährleistung für Mängel nicht ausschließen.
  Das bedeutet im Klartext, dass du für Schäden an Personen oder Gegenständen haftest, die dein Produkt verursacht. Du unterliegst also immer der Haftungspflicht.
- Dein Produkt und dein Online-Shop müssen eine Anbieterkennzeichnung haben. Das bedeutet: Du als Anbieter musst gekennzeichnet und auffindbar sein. Das ist auch der Grundsatz eines Impressums. Wenn du Textilien verkaufst, gilt für dich außerdem das Textilkennzeichnungsgesetz.

- Wenn du angestellt oder verbeamtet bist, kläre deinen Start in die Selbstständigkeit unbedingt mit deinem Arbeitgeber ab. Wenn du eine Rente beziehst, besprich deinen neuen Erwerb mit der Rentenkasse oder anderen Sozialversicherungsträgern.
- Ich empfehle unbedingt ein Telefonat oder eine schriftliche Anfrage bei der Krankenkasse, evtl. der Arbeitsagentur und den Trägern der Sozialversicherung. Die Vorgaben in diesen Bereichen sind komplex und jeder Fall liegt individuell anders. Diese Stellen haben das Know-how und die Aufgabe, dich zu beraten.
- In der Schweiz benötigst du erst ab höheren Umsätzen eine Gewerbeanmeldung. In Österreich muss man je nach verkaufter Produktart ggf. eine entsprechende handwerkliche Qualifikation vorweisen.

Aus dem Nähkästchen

In meinen Coachings erzählen Klientinnen oder Klienten immer wieder, dass solange der Kunde nur das Material bezahlt, es sich nicht um eine gewerbliche Produktion handele. Man sei dann also nicht haftbar.

Das würde ein Richter ziemlich sicher nicht so sehen. Wenn du planmäßig ein Produkt zum Verkauf erstellst, handelst du gewerblich. Und wenn irgendetwas mit diesem Produkt schiefgeht und sich beispielsweise ein Kind an der von dir hergestellten Schnullerkette verletzt, interessiert es niemanden, ob du dir nur das Material oder auch die Arbeitszeit hast bezahlen lassen. Die Rechtsprechung tendiert grundsätzlich eher zur Einordnung als unternehmerisches Handeln. Also, äußerste Vorsicht!

Das ist die Rechtslage. Und ich finde es gut, dass nicht jeder einfach jedes Produkt verkaufen darf. Es darf auch nicht jeder ein Restaurant eröffnen. Dazu benötigt es Wissen in Hygiene, Lebensmittel-Vorratshaltung etc. Genauso hat der Hersteller eines selbst hergestellten Objekts eine Verantwortung. Das Kuscheltier-Auge, das sich ablöst und verschluckt werden kann, das Halstuch, an dem man sich beim Spielen verletzen kann … Genau dafür sind CE-Kennzeichnungen da.

Mehr haftungsrechtliche Informationen gibt's ab Seite 43.

Ein Gewerbe anmelden

Im Zweifelsfall entscheidet das Finanzamt darüber, ob du als Freiberufler/-in oder Gewerbetreibende/-r eingestuft wirst.

Den Gewerbeschein erhältst du bei der Gemeinde, Stadtverwaltung, IHK oder HWK. Hier in Mainz kostet er ca. 15,00 € einmalig, andernorts gelten andere Sätze. Du kannst einen Termin vereinbaren und bekommst sicherlich vor Ort eine Menge Informationen.

Manchmal ist die Abgrenzung zwischen Handel und Handwerk im Kreativbereich nicht ganz eindeutig. Wie das im Fall deiner konkreten Geschäftsidee bewertet wird, kannst du mit deiner örtlichen Kammer besprechen.

Ich verkaufe Stoff und gebe Nähkurse, der Verkauf von Genähtem spielt bei mir weniger eine Rolle. Daher bin ich bei der IHK. Wenn du aber hauptsächlich selbst Hergestelltes verkaufst, könnte die HWK zuständig sein. Diese Institutionen sind dafür da, um dich zu unterstützen. Ich habe sehr positive Erfahrungen mit der IHK Mainz gemacht und sehr wertvolle Hilfe erhalten.

Manche meiner Coachees haben ein bisschen Vorbehalte, auf einem Amt anzurufen, und es macht sie nervös. Aber: Diese Stellen haben die Aufgabe, dich zu unterstützen! Vielleicht hilft es dir, das Ganze von dieser Seite zu betrachten.

Aus dem Nähkästchen

Unternehmensformen

Das Kleinunternehmertum

Die meisten starten vermutlich als Kleinunternehmer/-innen. Der Vorteil besteht darin, dass du weniger bürokratischen Aufwand hast. Konkret heißt das: Du musst keine Umsatzsteuer an das Finanzamt abführen und damit auch keine Umsatzsteuer-Voranmeldung durchführen. Das heißt aber auch, dass man keine Vorsteuer aus Eingangsrechnungen geltend machen kann. Du listest im Grunde nur deine Einnahmen und Ausgaben auf, dazu genügt eine simple Tabelle.

Du kannst die Regelungen für Kleinunternehmen nutzen, wenn du Einzelunternehmer oder Freiberufler bist oder eine GbR gegründet hast und im Jahr der Gründung voraussichtlich einen Gesamtumsatz von 22.000,- € nicht übersteigst. Im Folgejahr darf dein Umsatz 50.000,- € nicht überschreiten. Diese Umsatzgrenze bezieht sich auf ein gesamtes Kalenderjahr: Hast du deine Selbstständigkeit mitten im Jahr begonnen, dann musst du deinen Umsatz auf das gesamte Jahr hochrechnen.

Auch als Kleinunternehmer/-in bist du einkommenssteuerpflichtig.

Für dich bedeutet die Kleinunternehmer-Regelung, dass du auf deinen Rechnungen keine Umsatzsteuer ausweisen musst. Dafür muss folgender Satz auf deiner Rechnung stehen: Nach § 19 UStG wird keine Umsatzsteuer erhoben. Dennoch ist bei Rechnungsstellung die Steuernummer auf der Rechnung anzugeben. Und selbstverständlich bist du einkommenssteuerpflichtig! In Österreich liegt die Grenze für das Kleinunternehmertum aktuell bei 35.000 - € Umsatz jährlich, in der Schweiz bei 100.000 Franken pro Jahr.

Das Einzelunternehmen

Ein Einzelunternehmen entsteht automatisch, wenn du dich als Gewerbetreibende/-r oder Freiberufler/-in selbstständig machst. Diese Rechtsform eignet sich optimal zum Einstieg.

Du meldest deine Tätigkeit ggf. beim Gewerbeamt deines Wohnorts an. Als Kleingewerbetreibende/-r kannst du selbst entscheiden, ob du ins Handelsregister eingetragen sein möchtest. Du bist verpflichtet, eine Steuernummer beim Finanzamt zu beantragen und den „Fragebogen zur steuerlichen Erfassung" an dein Finanzamt zu übermitteln. Das gilt sowohl für Freiberufler als auch für Gewerbetreibende.

Das Gewerbeamt informiert dich über verschiedene weitere Behörden und Institutionen, bei denen du dich melden musst, beispielsweise bei einer Berufsgenossenschaft, IHK, HWK, beim Gesundheitsamt etc. Je nach Gewerbe werden auch Sachkundenachweise oder Genehmigungen für Anlagen eingeholt.

Die Gesellschaft bürgerlichen Rechts

Wenn du gemeinsam mit einer anderen Person gründen möchtest, dann ist die GbR wahrscheinlich das Mittel der Wahl. Ihr errichtet eine Personengesellschaft mit einem gemeinsamen Zweck und legt eure Zusammenarbeit im Rahmen eines Gesellschaftsvertrags fest, wofür ihr keinen Notar braucht.

Wenn du Handel betreiben möchtest und evtl. auch eine Produktion planst, ist eine OHG eine gute Wahl. Der Begriff Handelsgewerbe geht über den reinen Handel hinaus. Ein Handelsgewerbe kann auch eine Produktion umfassen. Eine OHG steht für eine gewisse Größe und strahlt mehr Seriosität aus. Die persönliche Haftung ist bei beiden Gesellschaften gegeben. Der Nachteil der OHG ist, dass diese in das Handelsregister eingetragen werden und dafür ein Notar tätig werden muss (Mehrkosten!).

Die Künstlersozialkasse

Quellen für weiterführende Informationen findest du auf Seite 159.

In Deutschland gibt es für bestimmte Berufe der Kreativbranche die Möglichkeit, in die Künstlersozialkasse (KSK) einzutreten. Dies ist ein sehr gutes Angebot für Kreativschaffende, da die KSK einen Teil der Krankenkassenbeiträge und der gesetzlichen Rentenversicherungsbeiträge übernimmt. Ob du mit deinem Geschäftsmodell in die KSK eintreten kannst, lässt sich anhand der Informationen auf der Webseite oder in einem Telefonat direkt klären. Auch gibt es die Möglichkeit, in die KSK einzutreten, selbst wenn man mit einer nicht-künstlerischen Tätigkeit Geld hinzuverdient. Gerade für den Einstieg in die Selbstständigkeit ist diese Variante interessant. Auch hierzu findest du genaue Angaben bei der KSK direkt. In Österreich gibt es ein ähnliches Angebot, Informationen hierzu haben die Wirtschaftskammern der Bundesländer. In der Schweiz kannst du dich an das für dich zuständige Gewerbeamt wenden.

Steuerliche Grundlagen

Selbstständige unterliegen der Aufzeichnungspflicht, das heißt, du hast die Pflicht, deine Einnahmen und Ausgaben aufzuzeichnen. Die steuerliche Buchführungspflicht nach § 141 AO beginnt erst dann, wenn der Umsatz größer als 600.000 € ist oder der Gewinn mehr als 60.000 € beträgt und damit die Erstellung einer Bilanz notwendig wird.

Eine konsequente Einnahmen-Ausgaben-Aufstellung von Anfang an verhindert unnötige Arbeit bei der Steuerklärung.

Bis dahin ist nur eine Einnahmen-Überschuss-Rechnung notwendig und das Finanzamt fordert zur Buchführungspflicht auf, wenn eine der beiden Grenzen überschritten wird. Man kann, muss aber vorher nicht zur Buchführung wechseln. Die Einnahmen-Überschuss-Rechnung ist strenggenommen nur eine Aufzeichnung von Einnahmen und Ausgaben, die excelbasiert vorgenommen werden kann.

Der Gewinn

Die betriebswirtschaftliche Definition von Gewinn ist die Differenz aus deinen Einnahmen und deinen Ausgaben. Man kann die Gewinnhöhe etwas beeinflussen, wenn man Rechnungen an Kunden erst im Folgejahr versendet oder Einkäufe, die im Januar geplant sind, im Dezember noch vorzieht.

Beispiel Gewinnberechnung

Anhand eines konkreten Beispiels können wir das Ganze einmal durchspielen: Eine Keramikerin macht sich als Kleinunternehmerin selbstständig, sie muss also keine Umsatzsteuer einkalkulieren.

- Sie hat für 250,- € Material eingekauft, verarbeitet und sich auf einem Markt mit ihrem Stand angemeldet.
- Die Standgebühr beträgt 25,- €. Sie benötigt einen Klapptisch für 40,- € und einen Pavillon für 60,- €.
- Dazu lässt sie Flyer drucken, um auch der Laufkundschaft etwas mitgeben zu können. Dies kostet 50,- €.
- Da sie gerade erst startet, hat sie kleine Label und einen Stempel erstellen lassen für 35,- €, um den Produkten ein einheitliches Erscheinungsbild zu geben.
- Sie steht drei Tage auf dem Markt und hat Einnahmen von 600,- €.
- Sie heftet ihre Belege chronologisch nach Datum ab und notiert:

Einnahmen:	600,- €
Ausgaben: aufgelistet wie folgt:	460,- €
Material, (Kassen-Beleg)	250,- €
Standgebühr (Beleg)	25,- €
Klapptisch (Beleg)	40,- €
Pavillon (Kassenzettel)	60,- €
Flyer (Rechnung)	50,- €
Label (Rechnung)	35,- €
Der Gewinn beträgt also	140,- €

Diese Einnahmen-Ausgaben-Rechnung führt die Keramikerin über das komplette Kalenderjahr. Am Ende des Jahres macht sie eine Auflistung der Einnahmen und Ausgaben und zieht von den Einnahmen die Ausgaben ab. Das ergibt den Gewinn oder den Verlust.

Bei deiner Jahressteuererklärung gibt es verschiedene Kategorien von Einkünften. Angestellte kennen die Kategorie „Einkünfte aus nicht-selbstständiger Arbeit“, das ist der Begriff für dein Gehalt. Darüber hinaus gibt es die Kategorien „Einkünfte aus Vermögen“, das sind Zinsen, oder „Einkünfte aus Vermietung und Verpachtung“. Ebenso gibt es die Kategorie für „Einkünfte aus selbstständiger Arbeit“. Außerdem gibt es die Kategorie „Einkünfte aus Gewerbetrieb“. Selbstständige Tätigkeit (§ 18 EStG) ist manchmal schwer von der gewerblichen Tätigkeit (§ 15 EStG) zu trennen. Du bist mit deinem Geschäft zwar selbstständig, fällst aber unter die gewerbliche Tätigkeit und das löst auch Gewerbesteuer aus (Gewinn > 24.500 €). Das Finanzamt überpüft, ob es sich um einen Gewerbebetrieb oder eine selbstständige Tätigkeit nach § 18 EStG handelt.
Und genau dort muss dein Gewinn stehen, den du mit deiner Einnahmen-/Ausgaben-Rechnung ermittelt hast. Die Einnahmen-Überschuss-Rechnung fügst du deiner Steuer-Erklärung bei. Anschließend werden deine Einkünfte aus allen Kategorien addiert – dieser Betrag unterliegt deinem persönlichen Steuersatz. Wenn das Finanzamt weitere Fragen hat, wird es sich melden. Und wenn du Fragen hast, kannst du dich direkt an das Finanzamt wenden. Denn dort arbeiten kompetente Menschen, und das persönliche Gespräch ist meist sehr hilfreich.

Jetzt könnte man meinen, unsere Keramikerin habe nicht viel verdient an dem Markt-Wochenende. Das sehe ich nicht so: Sie hat auf jeden Fall Erfahrung gesammelt, sich präsentiert und vielleicht ist sie zukünftigen Kunden und Kundinnen aufgefallen, die ihre Sachen mochten, aber gerade keinen konkreten Kaufanlass hatten. Diese haben jedoch einen Flyer mitgenommen, folgen unserer Unternehmerin nun auf Instagram und entdecken Wochen später ein Produkt, das das ideale Geschenk für eine Freundin ist. Außerdem sind sie so begeistert, dass sie ihren Freunden davon erzählen.

Aus dem Nähkästchen

Meine Empfehlung: Suche dir von Anfang an eine gute Steuerberaterin oder einen guten Steuerberater. Eine klare Kommunikation ist dabei das A und O. Leider habe ich bei der Wahl meiner ersten Steuerberaterin nicht gut aufgepasst und bin damit mit Karacho an die Wand gefahren. Glücklicherweise konnte ich das auffangen, weil ich solide gewirtschaftet habe, aber lustig war das nicht. Bei unserem neuen Steuerberater hingegen fühle ich mich sehr gut aufgehoben. Auch als Corona über uns hereinschwappte, hat er uns sofort konstruktiv beigestanden.

Die Rechnungsstellung

Zu den steuerlichen Grundlagen gehört nicht zuletzt die Rechnungsstellung, aber auch das ist kein Hexenwerk.

Deine Rechnungen müssen folgende Elemente aufweisen

- Deinen Name und deine Postanschrift
(du bist der Rechnungssteller)
- Name und Postanschrift des Rechnungsempfängers
- Ausstellungsdatum
(das ist der Tag, an dem du die Rechnung stellst)
- Leistungsdatum bzw. der Leistungszeitraum
(das ist der Zeitpunkt, an dem du das Produkt versendest oder die Dienstleistung erbringst)
- Die verkauften Produkte inkl. Menge/Anzahl
oder deine erbrachten Dienstleistungen
- Rechnungsnummer, die du vergibst
(diese muss chronologisch fortlaufend sein,
jede Rechnungsnummer wird nur einmal verwendet)
- Steuernummer oder Umsatzsteuer-Identifikationsnummer
- Wenn du bereits umsatzsteuerpflichtig bist,
musst du Netto- und Bruttobeiträge angeben
und die jeweiligen Steuersätze (derzeit 7 bzw. 19%).

Haftungsrecht & Co.

Kurz vorab: Ich bin keine Rechtsanwältin, und dieses Buch kann keine Rechtberatung ersetzen. Wenn du eigene Produkte verkaufst, hast du die Pflicht, dich umfassend und rechtssicher zu informieren.

Kennzeichnungspflichten

Zum einen unterliegst du dem Produktsicherheitsgesetz: Als Hersteller/-in musst du eindeutig gefunden werden können. Das heißt, dass an deinem Produkt sich ein Anhänger, Aufdruck, Aufnäher oder Ähnliches befinden muss, aus dem klar hervorgeht, wer das Stück produziert hat. Dazu gehören Name und Anschrift, dein Logo alleine reicht nicht. Der Gedanke dahinter ist der Verbraucherschutz. Denn so kann bei Haftungsfragen der Hersteller herangezogen werden. Wer diese Kennzeichnung nicht anbringt, muss mit einem Bußgeld rechnen.

Dazu kommt die Verpflichtung für manche Produkte, ein sogenanntes CE-Siegel zu führen. Das betrifft vor allem Produkte, die für Kinder gedacht sind, beispielsweise Kleidung oder Spielzeug. CE-Kennzeichnungen sind ein komplexes Thema. Hier helfen spezialisierte Vereine und auch Coaches mit Beratungen und Handbüchern weiter.

Unter Umständen unterliegst du außerdem dem Textilkennzeichnungsgesetz. So musst du bei textilen Produkten aufschlüsseln, welche textilen Rohstoffe verwendet wurden. Dazu gibt es die EU-Textilkennzeichnungsverordnung. Man spricht von einem textilen Produkt, wenn es zu mehr als 80 % textilen Ursprungs ist. Du kennst die eingenähten Zettel hinten in T-Shirts, die beispielsweise auflisten, wie viel Baumwolle und Elasthan im Stoff enthalten sind? Solche Einnäh-Etiketten kannst du bei einem Etikettenhersteller herstellen lassen. Nicht gesetzlich verpflichtet bist du, einen Pflegehinweis anzubringen. Aber rein pragmatisch gedacht, macht es Sinn, Pflegehinweise aufzunehmen. Das mindert die Reklamationen und gibt dem Kunden Sicherheit. Nicht zuletzt kannst du mit dem Etikett die Produktkennzeichnungspflicht erfüllen – und gleichzeitig für dich werben!

Vielen meiner Coachees ist zu Beginn nicht klar, dass man nicht einfach eine Perlenschnullerkette verkaufen darf. Es gibt Gesetze zur Sicherheit von Produkten, und sollte sich ein Baby an der von dir erstellten Schnullerkette verschlucken … Was passiert dann? Deshalb fertige ich beispielsweise auch keine Halstücher für Babys oder Produkte, bei denen nur die leiseste Gefahr einer Verletzung besteht … Hoodiekordeln, Überhitzung in Babyschlafsäcken … die Liste der Schreckensszenarien ist lang.

Dabei fällt mir immer wieder auf, dass selbst in großen Innenstadt-Geschäften, die Selbstgenähtes anbieten, haftungsrechtlich fragwürdige Artikel liegen. Das heißt aber noch lange nicht, dass du das auch darfst. Also: Bitte informiere dich vorher, welche Produkte du bedenkenlos verkaufen kannst.

Das Thema war Anfang 2020 topaktuell beim Behelfsmasken-Nähen. Denn selbst in einer so schwierigen Situation wie der Corona-Pandemie kann man sich nicht einfach hinsetzen, Masken nähen und verkaufen (verschenken schon). Produktsicherheit ist ein hohes Gut. Zwar bekamen wir rasch viele Anfragen für genähte Masken, doch mussten wir erst einmal klären, wie sich diese rechtssicher fertigen und vertreiben lassen: Wie müssen die Herstellungsbedingungen sein? Müssen die Masken steril geliefert werden? Wie kennzeichnen wir eindeutig, dass die Maske kein hundertprozentiger Schutz und eben kein medizinisches Produkt ist? Dürfen wir die Masken überhaupt gewerblich anbieten?

Wegen der hohen Nachfrage haben auch wir schließlich Behelfsmasken angefertigt – und eine Begleitinformation zu Möglichkeiten und Grenzen des Schutzes beigelegt. Darüber hinaus halfen kreative Bezeichnungen von „Schnuten-Pulli“ bis „Mauldäschle“, das Produkt eindeutig von medizinischen Masken abzugrenzen. Das war dann rechtlich einwandfrei.

Aus dem Nähkästchen

Urheberrecht, Markenschutz, Lizenz-Verletzungen

Es ist kein Geheimnis: Nur weil Vorlagen, Ideen oder Muster kostenlos im Internet aufzufinden sind, heißt es nicht, dass diese in Kursen oder zum Verkauf verwendet werden dürfen. Dazu kommt, dass du es dir in deiner Community ordentlich verscherzen wirst, wenn du Ideen nacharbeitest, ohne die Urheber nennen. Die sauberste Lösung: Wenn du merkst, du hast dich von jemandem inspirieren lassen und die Idee nur geringfügig verändert, dann sag einfach Bescheid. Wir alle haben das Rad nicht neu erfunden, aber ich finde, ein Hinweis auf die Inspirationsquelle ist eine kollegiale Geste.

Ideen, Motive oder Designs von anderen dürfen nicht fraglos übernommen werden, weder online noch offline.

Gerade bei Stoffen gibt es außerdem das Thema Lizenzen: Wenn beispielsweise ein Walt-Disney-Motiv abgebildet ist, darfst du den Stoff kaufen und für private Zwecke verarbeiten. Du darfst aber kein mit diesem Stoff gefertigtes Produkt verkaufen.

Der ganze Rechtsbereich rund um Gebrauchsmuster, Markenschutz, Lizenzen und Urheberrecht ist nicht zu unterschätzen. Am besten fährst du, wenn du dich schriftlich klar absprichst. Für die Schnittmuster, die ich in Kursen verwende, frage ich beispielsweise die Hersteller im Vorfeld an. Denn es ist einfach nicht fair, fremde, kreative Arbeit als die eigene auszugeben. Sei ein guter Mitspieler – und wer dir vorher schriftlich etwas gestattet hat, kann hinterher nicht klagen.

Impressumspflicht, Datenschutz, DSGVO

Das Impressum

Wichtig für dich ist: Eine Website, ein Online-Shop (auch auf einer Internet-Plattform wie beispielsweise etsy) sowie ein gewerblicher Social-Media-Kanal, beispielsweise auf Instagram, benötigen ein Impressum. Das dient dazu, dass du als Hersteller/-in eines bestimmten Produkts jederzeit auffindbar sein musst, unter anderem, damit du haftbar gemacht werden kannst.

Das klingt alles wilder, als es ist: Du brauchst den Namen deines Shops, deinen Vor- und Zunamen, deine Postadresse (kein Postfach), deine Mail-Adresse und Telefonnummer und deine Umsatzsteuer-Identifikationsnummer, falls vorhanden. Im Internet findest du außerdem Tools zur Erstellung eines Shop-Impressums.

Quellen für weiterführende Informationen findest du auf Seite 159.

Datenschutz und DSGVO

Seit die Datenschutzgrundverordnung (DSGVO) im Mai 2018 eingeführt wurde, wird Nachlässigkeit im Datenschutz bestraft. Es geht darum, europaweit einen einheitlichen Standard festzulegen. Für mein Geschäft merke ich mir einfach, dass der Grundsatz der DSGVO die Sparsamkeit im Umgang mit Daten ist. Das heißt, dass du immer nur die notwendigen Daten speichern darfst und auch nur in dem Maße und Umfang, wie es absolut notwendig ist. Auch muss klar geregelt sein, wer von deinen Mitarbeitern Zugang zu welchen Daten hat.

Der Grundsatz der DSGVO lautet: Sparsamkeit im Umgang mit Daten.

Vieles rund um die DSGVO finde ich als Nicht-ITlerin verwirrend und habe den Komplex deswegen an meine Webdesignerin ausgelagert. Wenn du einen Newsletter, Plugins und Cookies verwendest, ist darauf zu achten, dass diese DSGVO-konform sind. Das verantwortest du. Denn der Grundsatz, dass jeder seine Datenhoheit behalten soll, ist ein hohes Gut. Unwissenheit schützt auch hier vor Strafe nicht, eine intensive Recherche zu den Inhalten deiner Internetpräsenz wird dir nicht erspart bleiben.

Finanzielle Förderungsmöglichkeiten
Der Gründungszuschuss

In Deutschland gibt es einen staatlichen Gründungszuschuss über die Agentur für Arbeit. Dazu musst du zunächst arbeitslos gemeldet sein. Erst wenn du den Gründungszuschuss beantragt hast, darfst du erste Schritte in Richtung Gewerbeschein usw. unternehmen. Sonst ist das bereits ein K.o.-Kriterium! Also, erst informieren, dann beantragen, und wenn du ganz sicher starten darfst, loslegen. Dein Gründungsdatum kann ja auch in der Zukunft liegen.

Zu den Unterlagen zählen unter anderem ein Businessplan, eine Finanzplanung, Liquiditätsplanung usw. Das Ganze muss wiederum von einer berechtigten Stelle abgesegnet werden, beispielsweise einer Handwerkskammer, der IHK, einer/m Steuerberater/-in. Du brauchst außerdem einen Lebenslauf, ein schriftliches Konzept sowie die Gewerbeanmeldung, auch wenn das Anmeldedatum in der Zukunft liegt. Wenn du in einem Handwerksberuf tätig sein wirst, musst du die entsprechenden Nachweise beifügen. Das Ganze besprichst du mit deinem Sachbearbeiter bei der Agentur für Arbeit, dort bekommst du meistens schon eine Einschätzung der Erfolgschancen. Darüber hinaus gibt es Programme der KfW (Kreditanstalt für Wiederaufbau) sowie vergünstigte Kreditformen. Auch wenn dein Unternehmen schon länger besteht und du eine Investition planst, ist es immer eine gute Idee, hier zu recherchieren. In der Schweiz gibt es auf dem Portal für kleinere und mittlere Unternehmen KMU Informationen zu Fördermöglichkeiten. In Österreich bieten die Wirtschaftskammern der Länder Experten zur Unterstützung.

Aus dem Nähkästchen

Es lohnt sich, das Gespräch mit einem/-er Steuerberater/-in, einem Gründerzentrum, mit der Agentur für Arbeit, dem Bundeswirtschaftsministerium, der KfW und den Kammern zu führen. Welcher Weg für dich der richtige ist, ist individuell.

Ich kenne mehrere Kolleginnen, die den Weg gegangen sind, und bei allen ist der Gründungszuschuss bewilligt worden. Also, nur zu! Und alle haben erzählt, dass die persönliche Absprache mit den Sachbearbeitern von hoher Wichtigkeit war. Das sind Menschen – höre ihnen zu und überzeug sie! Viel Glück!

Der Businessplan

Ein Businessplan kommt hauptsächlich dann zum Tragen, wenn du eine Förderung oder Kapital von einer Bank benötigst. Aber auch wenn deine Investitionen überschaubar sind und du sie aus deinem privaten Vermögen einbringst, solltest du einen Businessplan entwickeln, um für dich Klarheit zu bekommen.

Wichtige Eckpunkte für deinen Businessplan

Die Grundlagen:
- Wie lauten dein Name und der Name deines zukünftigen Unternehmens?
- Die Geschäftsidee: Was genau bietest du an? Wie sieht dein Angebot aus? Was ist der Kern deiner Unternehmung?
- Wie definierst du deine Kunden/-innen, wer und wo ist deine Zielgruppe?
- Inwiefern dient dein Angebot deinen anvisierten Kunden/-innen?
- Welches Kapital benötigst du für die Gründung?
- Welchen Umsatz erwartest du in den nächsten 3 Jahren?
- Wann möchtest du starten?

Die Gründerperson:
- Was sind deine Kenntnisse und Fähigkeiten? Falls du im Team gründest: Wer bringt welches Know-how ein?
- Wo brauchst du noch Unterstützung von außen?
- Wo kannst du diese bekommen?

Unternehmensorganisation
- Welche Rechtsform hat dein Unternehmen?
- Wie viel Mitarbeiter/-innen planst du, in den nächsten 3 Jahren einzustellen?

Das Produkt / die Dienstleistung:
- Wie ist der Entwicklungsstand deines Produkts / deiner Dienstleistung?
- Wann startet die Produktproduktion?
- Gibt es bestimmte Zulassungsverfahren, die notwendig sind?
- Gibt es Lieferanen oder Produzenten, mit denen du zusammenarbeiten möchtest? Hast du hierfür die Konditionen geklärt? Mindestbestellmengen, Gewerberabatte, Bestellmodalitäten?

Finanzierung

- Wie hoch sind deine monatlichen Fixkosten (privat und geschäftlich?)
- Wie hoch sind deine Liquiditätsreserven für die Anfangsphase?
- Wie hoch ist der Gesamtkapitalbedarf?
- Wie hoch ist dein Eigenkapital?
- Wie hoch wird dein Umsatz in den ersten drei Jahren sein?
- Wie hoch wird dein Gewinn in den ersten drei Jahren sein?
- Welche Förderprogramme könnten für dich relevant werden?

Markt und Marketing:

- Wer genau sind deine Kunden? Und wo sind deine Kunden?
- Gibt es bereits ähnliche Angebote auf dem Markt? Was machst du anders und/oder besser?
- Wer sind deine Mitbewerber/-innen?
- Wie werde ich meine Kunden/-innen auf mein Angebot aufmerksam machen? Welche Wege kann ich hierfür nutzen?
- Welche Werbemaßnahmen planst du?
- Wie sieht dein Social-Media-Marketing aus?

Mehr zu Fixkosten und finanziellen Puffern findest du ab Seite 147. Quellen für weiterführende Informationen findest du auf Seite 159.

Energiebooster: das Rezept

Gründen kostet Energie. Gerade in dieser Zeit ist es wichtig, immer wieder durchzuatmen und deinem Körper und Kopf etwas Gutes zu tun: Für diesen Vitamindrink nimmst du eine Orange und presst sie aus. Dazu kommen klein geriebener Ingwer und eine ausgepresste Zitrone. Wenn du Lust hast, kannst du ein bisschen Honig hinzufügen.

KAPITEL 3

SORTIMENT, PREISGESTALTUNG UND VERTRIEBSWEGE

Der Aufbau eines Sortiments

Seit vielen Generationen verdienen Menschen ihr Geld mit Hand- und Näharbeiten ... Wenn man nicht gerade zu den hochgehandelten Top-Designern zählt, sind diese Tätigkeiten leider oft sehr, sehr schlecht bezahlt. Und es ist ein kein Geheimnis: Ein großer Teil der Mode wird heute unter erbärmlichen Bedingungen zu Hungerlöhnen in Fernost hergestellt. Ich habe unter anderem deshalb begonnen, Kleidung zu nähen, weil ich diese Zustände nicht mehr unterstützen möchte. Wir alle sollten uns gut informieren und entsprechende Kleidung kaufen oder selber nähen!

Wenn etwas zu billig ist, dann hat schon jemand anderes dafür bezahlt.

Die menschenunwürdige Ausbeutung der Fast-Fashion-Industrie lässt sich nicht mit den Arbeitsbedingungen bei uns 1:1 vergleichen. Doch das Thema Honorar ist auch hier kein kleines: Viele meiner Coachees sind erschüttert, wenn sie sich ausrechnen, was sie mit ihren handgemachten Werken auf den gängigen Online-Plattformen verdienen. Vor allem, wenn sie die Preise sehen, mit denen andere zu konkurrieren versuchen. Im Handmade-Bereich gibt es oft Dumping-Preise, bei denen man sich fragt, wie das gehen kann.

Ich plädiere immer dafür, nicht über den Preis zu verkaufen: Wenn etwas zu billig ist, dann hat schon jemand anderes dafür bezahlt, das ist ein sehr schöner Satz. Und ich wünsche dir von Herzen, dass nicht du es bist. Deine Arbeit ist es wert, dass sie angemessen bezahlt wird. Leider fehlen uns manchmal das Selbstvertrauen und das Know-how, wie wir einen Preis ermitteln.

Mehr zu Kalkulation und Finanzplanung findest du ab Seite 60 und 145.

Der größte Fehler beim Aufbau eines Sortiments ist der Irrglaube, sich direkt zu Beginn sehr breit aufstellen zu müssen. Man möchte alles anbieten können und sich um keinen Preis einen Auftrag oder Verkauf entgehen lassen. Das kann ich gut verstehen, endet aber gerade im Handmade-Bereich oft damit, dass jedes einzelne Produkt individuell gestaltet wird. Und das kostet unendlich viel (unbezahlte) Zeit.

Wenn du keine handgefertigten Produkte, sondern Materialien verkaufst, bräuchtest du für ein breites Sortiment eine riesige Auswahl in allen nur erdenklichen Farben, Stärken usw. Doch wirst du nie alles vorrätig haben können – in Gepunktet, Gestreift und Kariert … Außerdem zeigt die Erfahrung: Je mehr du anbietest, desto länger benötigen die Kundinnen und Kunden sich zu entscheiden. Deswegen macht es Sinn, ein Farbkonzept zu gestalten und das zur Auswahl zu stellen. Wenn jemand etwas anderes haben möchte, wird er nachfragen.

Vor Jahren gestaltete ich mit einer Freundin zu Ostern ein putziges Hasenkissen. Ich nähte ein paar Exemplare für den Laden und sie verkauften sich gut. Eine liebe Kundin bat um ein Schnittmuster – ich schenkte ihr eine Kopie dazu.

Im Jahr darauf bat eine andere Kundin um eine Anleitung – ein paar Tage vor Ostern schrieb ich eine Last-Minute-Anleitung für das Kissen. Da habe ich mich wirklich gefragt, ob sich das so kurz vor Ostern noch lohnt ... Doch war das zu kurz gedacht, weil zum Glück jedes Jahr wieder Ostern wird.

Im Jahr drauf hatte ich endlich den Bogen raus: In meinem Online-Shop bot ich ein Rundum-Sorglos-Paket an: die Anleitung mit Stoff, Reißverschluss und allem Zipp und Zapp. Dazu gab es ein kurzes Instagram-Live, das ich bereits drei Wochen vorher bewarb. So konnten sich alle Teilnehmenden rechtzeitig ein Set zum Mitnähen bestellen. Das Hasenkissen war in jenem Jahr der Renner und auch nach dem Instagram-Live habe ich das Set dutzendfach weiterverkauft. Denn viele sind erst dadurch darauf aufmerksam geworden. Gleichzeitig sahen sie in meinem Shop und Blog weitere Ideen, Produkte und Materialsets – wir konnten uns vor Bestellungen kaum retten.

Und nun kommt der Clou! Wir haben nur vier Farben in Vichy-Karo angeboten: Hunderte von Sets wurden verkauft, aber nur vier Kundinnen fragten nach alternativen Stoffen.

Aus dem Nähkästchen

Konzentration

Erst einmal zu schauen, wie eine Idee ankommt, ist ein guter Weg. Doch wenn du merkst, dass sie ein kleiner oder mittlerer Renner werden könnte, dann setze nicht auf viele unterschiedliche Produkte, sondern bau das eine Produkt so aus, dass du damit Geld verdienst.

Mein Lernprozess hat etwas gedauert: Du brauchst nicht immer mehr, sondern manchmal nur das intensive Bewerben und die Konzentration auf ein Produkt. Wichtig ist natürlich, dass dein Produkt gut ist. Ein gutes Produkt verkauft sich auch nicht von alleine, aber es geht doch um einiges geschmeidiger.

Stimmigkeit

Deine Ressourcen an Zeit und Geld sind begrenzt. Starte mit einem kleinen, aber stimmigen Sortiment und konzentriere dich darauf.

Du gestaltest beispielsweise individualisierte Einladungskarten zur Hochzeit? Dann könntest du als Nächstes Geburtskarten oder Meilensteinkarten im ähnlichen Stil anbieten und im übernächsten Schritt Geburtstagskarten ... So wächst ein in sich schlüssiges Sortiment, das deine Kundinnen und Kunden im besten Falle immer weiter begleitet. Oder angenommen, du verkaufst handbestickte Tischdecken: Dann können Tischläufer, Servietten und Stuhlhussen, also alles rund um den Tisch, nach und nach dazukommen.

Für die Planung deines Sortiments eignet sich ein Vision-Board besonders gut (siehe Seite 29).

Wichtig ist, dass dein Sortiment eine klar erkennbare Struktur hat – einen roten Faden, eine Linie. Du wirst niemals alle bedienen können, du bist kein Mega-Online-Großhändler.

Von Bestsellern und Longsellern

Bei erfolgreichen Produktideen kommt einem manchmal der Gedanke: Das hatten wir ja letztes Jahr schon ... Doch bedenke, dass dies nur für einen Teil deiner Kundschaft gilt. Im Laufe eines Jahres kommen immer neue Menschen in deinen Kreis, die das Produkt noch gar nicht kennen. Oder manche Kundinnen und Kunden haben das Produkt bereits letztes Jahr gesehen, aber noch nicht erstanden. Seitdem spukt es ihnen im Kopf herum und jetzt, angestoßen durch Social-Media-Werbung, die Dekoration im Laden oder die Erwähnung im Newsletter, setzen sie das Thema für sich um. Ich kenne das gut von mir selbst.

Hake deine „alten" Bestseller also nicht so schnell ab – sie können deine Longseller werden. Setze auf deine Bestseller, denn diese musst du nicht neu erfinden. Auf die richtige Mischung aus Produkten, die schon länger für dein Label stehen, und Novitäten kommt es an.

Der Wiedererkennungswert

Wie soll deine Produktwelt aussehen? Dein Sortiment sollte zu dir und deinen Werten passen, deine Farbwelt zeigen und eine bestimmte Handschrift haben. Und nicht zuletzt sollte dein Warum? (siehe Seite 18) in deinem Sortiment und deinem Marktauftritt, online wie offline, zu erkennen sein.

Ob dein Stil bunt und laut oder zurückhaltend und natürlich ist, nordisch klar oder quietschpink: Das entscheidest du. Aber wenn du in deinem Sortiment deinen Stil vertrittst, dann finden die Kundinnen und Kunden zu dir, die immer wieder bei dir kaufen werden und dir auch ganz bewusst folgen, weil sie deine Art der Präsentation und deinen Look lieben. Sie werden sich mit dir auf die Reise begeben und sich von deinem Stil inspirieren lassen.

Der Aufbau eines stimmigen, funktionierenden Sortiments braucht Geduld, aber dein Business ist ein Marathon und kein Sprint. Du willst mit den Kundinnen und Kunden zusammenarbeiten, die zu dir passen. Das braucht Zeit – und lohnt sich.

Mehr zum Thema Branding gibt's ab Seite 119.

Lieferanten

Welche Marken möchtest du beim Materialverkauf unbedingt vertreten? Oder welche Materialien möchtest du für deine handgefertigten Produkte verwenden? Ganz gleich, ob du einen Online-Shop, ein Ladengeschäft oder ein Ladengeschäft mit Online-Shop hast: Du brauchst Lieferanten.

Deine Materialien – seien es Wolle, Stoffe, Papier, Stifte – beziehst du am besten, sobald du einen Gewerbeschein hast, zum Händler-Einkaufspreis bei deinen ausgewählten Lieferanten. Auch hier gilt: Keine Scheu, einfach direkt anschreiben, anrufen und abklären, wie die Konditionen sind. Leg dich am Anfang nicht auf zu viele verschiedene Hersteller fest, oft musst du mit einem größeren Betrag bei der ersten Bestellung rechnen.

Großhändler bewerben ihre Produkte über das Internet. Das macht es für uns Einzelhändler attraktiver, dort einzukaufen. Denn wir können uns an ihre Werbekampagnen andocken. Auf Nachfrage darf man meistens die Fotos für den Shop und den eigenen Web-Auftritt verwenden. Umgekehrt, wenn du das Produkt gut in Szene setzt und auf deinen Kanälen darüber schreibst, kannst du den Hersteller immer markieren. Nach aktueller Rechtsprechung solltest du das als „Werbung ohne Auftrag" kennzeichnen. Mit der Zeit wird der Hersteller vermutlich auf dich aufmerksam. Wenn du Glück hast, zeigt er deine Arbeiten auch auf seiner Seite – eine Win-Win-Situation für euch beide! Geh also unbedingt in Kontakt und versuche auch hier, eine Bindung zu den Firmen aufzubauen, die über das einfache Einkaufen hinausgeht. Vielleicht mag der Hersteller auch eine deiner Anleitungen veröffentlichen, das könnte ein weiterer Einnahmezweig sein.

Aus dem Nähkästchen

Viele Kleinunternehmer/-innen haben mich schon angesprochen und bei der Abnahme von etwas größeren Mengen, gibt's bei uns Rabatt. Ich unterstütze sehr, sehr gerne, wenn jemand sich selbstständig machen möchte. Deswegen: Frag einfach bei deinen regionalen Geschäften nach! Wer weiß ?

Vertriebswege – online und offline

Ob du online oder offline startest, ist in meinen Augen heute gar nicht mehr die Frage. Denn auch wenn du keinen reinen Online-Shop aufbauen möchtest, ist es unabdingbar, dass du dein Offline-Gewerbe mit einem Online-Shop kombinierst.

Der Online-Shop

In einem reinen Online-Shop, den du klein von zu Hause startest, stecken andere Fragestellungen, als wenn du dich entschließt, ein Ladengeschäft zu eröffnen. Andererseits kann auch ein Online-Shop recht schnell dazu führen, dass du Lager- und Büroflächen benötigst. Ich kenne sehr viele Online-Shop-Starterinnen, die klein am Küchentisch begonnen haben – und relativ schnell alle waagrechten Flächen der Wohnung mit Waren und Versandkartons zugestellt hatten ... Auch dann brauchst du ein echtes Gebäude aus Stein und Glas. Außerdem ist es manchmal psychologisch sinnvoll, einen Arbeitsplatz außerhalb der privaten Wohnung zu haben. Das sorgt für wohltuenden Abstand.

Um ein Gefühl für die spontanen Reaktionen deiner Zielgruppe zu bekommen, ist es sinnvoll, ab und an einen klassischen Markt zu besuchen. Was gefällt? Was erregt Aufmerksamkeit?

Recherche

Schau dir andere Ladengeschäfte, Online-Shops oder auch Marktstände genau an. Bei deiner Recherche helfen folgen Fragen.

- Was genau spricht dich an?
- Wie setzt sich das Sortiment zusammen?
- Was passt zusammen? Was wirkt stimmig auf dich?
- Wer sind deine Vorbilder?
- In welchen Shops, an welchen Marktständen würdest du gerne einkaufen?
- Wo findest du das Sortiment weniger ansprechend? Was schreckt dich ab?
- Wonach suchen die Menschen auf der jeweiligen Plattform?
- Was ist die Erwartungshaltung der Kundschaft?
- Wie wird das Sortiment präsentiert, sodass es die Zielgruppe anspricht?

Für deinen Online-Auftritt geht es neben dem eigentlichen Online-Shop um Themen wie Impressumspflicht, AGBs, die DSGVO (=Datenschutzgesetzverordnung), die Sicherung der Domain, die Suchmaschinen-Optimierung (=SEO), das Logo und das gesamte Grafikdesign, um die Struktur und den Aufbau deiner Website, eventuell um einen Blog oder Newsletter.

Wenn du davon (noch) keine Ahnung hast, empfehle ich, dir Hilfe dazu zu holen. Ein Etsy-Shop ist vielleicht der einfachste Start, denn hier gibt es eine vorgegebene Struktur, viel Information und schon fertige Formulare. Sicherlich gibt es im Netz viele Musterbeispiele, wie beispielsweise das Impressum erstellt werden muss. Doch wenn es in die Tiefe geht, wie zum Beispiel bei der Suchmaschinenoptimierung und beim Aufbau eines eigenen Shops, dann lohnt sich das Hinzuziehen eines Webdesigners. Auch hierbei rate ich dir, auf dein Gefühl zu hören. Es gibt inzwischen viele Anbieter. Du kannst deine Seite auch selbst gestalten mit der Unterstützung eines Online-Coaches – die Wege sind vielfältig.

Die Präsentation eines Online-Shops ist nicht nur in der digitalen Welt wichtig: Auch die Verpackung der Kundenbestellung ist ein wichtiger Punkt. Denn deine Kund*innen sollen das Gefühl bekommen, ein Geschenk auszupacken. Ganz gleich, ob hübsche Seidenpapiere, bestempelte Kärtchen, eine interessante Visitenkarte, ein handgeschriebener Gruß: Die Verpackung muss nicht besonders teuer, aber charmant sein. Bei größeren Bestellungen gibt es bei uns außerdem ein kleines, handgenähtes Lavendelsäckchen dazu.

Mehr zu Verpackungen gibt's auf Seite 126.

Das Ladengeschäft

Bei einem Ladengeschäft stellen sich viele Fragen, die schriftlich und vertraglich festgehalten werden müssen, sei es mit diversen Ämtern oder den Vermietern. Das beginnt bei deiner Mülltonne, bei Genehmigungen für Außenwerbungsschildern, Versicherungen für den Inhalt deines Geschäfts und die Sicherheit deiner Kundschaft. Weitere Themen sind die Schaufenstergestaltung und die Reinigung der Schaufenster.

Das klassische Ladengeschäft ist meines Erachtens keine aussterbende Spezies. Du kannst es nur nicht mehr führen wie Generationen vor uns. Denn heute lässt sich jede Ware vom Sofa aus sehr bequem bis an die Tür bestellen. Deine Konkurrenz ist immer im Netz und das rund um die Uhr. Deshalb ist es so wichtig, ein Ladengeschäft mit einem Online-Shop zu kombinieren. Im Handmade-Bereich ist unser Vorteil, dass die Zielgruppe eine emotionale Bindung zu den Materialien hat und ihr die Haptik wichtig ist: Wolle, Stoffe, Stifte, Stempel … So oft höre ich von meinen Kundinnen und Kunden, sie möchten die Materialien in der Hand haben, fühlen, er-fassen.

Im Handmade-Bereich haben wir außerdem die Möglichkeit, Workshops oder offene Werkstätten anzubieten. Das ist ein großartiges Werkzeug, um unsere Kundschaft kennenzulernen und ihr neue Produkte und Techniken zu zeigen.

Das Ladengeschäft muss so anziehend sein, dass sich deine Kundinnen und Kunden dafür bewegen. Ich habe einmal den Satz gehört, dass das Geschäft schon vor der Tür lächeln muss ... und das online wie offline! Dies erreichst du mit einem freundlichen Empfang, hübscher Dekoration, leiser Musik, feinen Düften und durch einen spannenden Internetauftritt. Du und dein Team solltet euch wirklich auf die Menschen freuen und ihnen nicht das Gefühl vermitteln, sie stören bei der Arbeit.

Mehr zu Workshops gibt's ab Seite 65.

Ich hatte eine Klientin im Business-Coaching, die es gerne mochte, wenn keine Kundschaft im Laden war. Da könne sie in Ruhe an ihren Projekten arbeiten ... Sie war bei mir, weil der Umsatz den Laden nicht trug – und ehrlich gesagt: Mit einer solchen Einstellung ist es schwierig. Zu Beginn hatte ich keine täglichen Öffnungszeiten, bin aber relativ schnell dazu übergegangen, sorgfältig ausgewählte Mitarbeiterinnen das Tagesgeschäft machen zu lassen. So konnte ich mich mit Projekten, Produkten, Werbung und strategischer Planung beschäftigen. Das ist der Schritt von der Selbstständigkeit zum Unternehmertum.

Aus dem Nähkästchen

Die Preiskalkulation

Als Kreative müssen wir zu einem neuen Selbstverständnis kommen und dieses selbstbewusst nach außen tragen.

Wenn du deine Preise ordentlich kalkulierst, kannst du sie mit einem guten Gefühl vertreten. Und wenn andere Ähnliches sehr viel günstiger anbieten, dann haben sie vielleicht einfach nur schlecht kalkuliert – oder verdienen nichts an ihrem Produkt.

Wie bereits erwähnt wird im Handmade-Bereich oft argumentiert, dass uns das Ganze ja großen Spaß mache und dass es sich nicht um zu bezahlende Arbeit handele wie beispielsweise bei einem Handwerker. Doch bei aller Freude ist es deine Zeit, dein Know-how, es sind deine Ideen, deine Materialien und Maschinen, die du einsetzt und verbrauchst.

Wie kalkulierst du einen Preis?

Hier eine tragfähige Kalkulation anhand eines Kosmetiktäschchens:

Materialkosten:
Zuerst ermittelst du die Materialkosten – in dem Umfang, wie du sie benötigst. Auch Reste und Verschnitt sind einzukalkulieren.

- Wachstuch
  (1 m auf 1,40 m Stoffbreite à 22,90 €),
  zwei Zuschnitte à 25 x 20 cm: 1,62 €
- Baumwollstoff
  (1 m auf 1,40 m Stoffbreite à 18,50)
  zwei Zuschnitte à 25 x 20 cm: 1,40 €
- Reißverschluss (30 cm): 2,50 €
- Perlen mit Bändchen: 0,20 €
- Aufnäher: 0,40 €
- Summe: **6,12 €**
  Materialkosten brutto. (Der Einfachheit halber rechnen wir hier als Kleinunternehmerin.)

Arbeitszeit:
Deine Arbeitszeit (für 6 schlichte Täschchen in Reihe) beträgt 1,5 Stunden. Du benötigst also 15 Minuten pro Täschchen.

Wenn du deine Arbeitszeit mit 75 € die Stunde kalkulierst, inkl. aller Betriebskosten, dann betragen die Arbeitskosten für das Täschchen 18,75 €.

Ergebnis:
Materialkosten: 6, 12 €
Arbeitskosten: 18,75 €
24,87€

Für das Kosmetiktäschchen ist also ein Preis von ungefähr **24,90 €** stimmig.

Tipp: Versuche mittelfristig, gleichartige Arbeitsgänge zusammenzufassen, sodass du deine Gewinnspanne ausweiten kannst.

Verpackungskosten:
Beim Online-Shop sind außerdem die Verpackungskosten zu addieren.

Mehr Infos zu Preisgestaltung und Finanzplanung findest du ab Seite 145.

Kosmetiktäschchen: die Nähanleitung

3. Lege ein Außen- und ein Innentaschen-Teil rechts auf rechts aufeinander. Den Reißverschluss legst du zwischen die beiden Stofflagen – sodass der Reißverschluss mit Zipper zum Außenstoff zeigt. Nun nähst du den Reißverschluss knappkantig fest.

4. Dann klappst du beide Taschenteile vom Reißverschluss weg und nähst eine Ziernaht knapp unterhalb des oberen Stoffrandes. Eventuell kannst du einen beschichteten Nähfuß verwenden, dann lässt sich Wachstuch besser verarbeiten. Wenn du keinen beschichteten Nähfuß hast und auf Wachstuch arbeitest, kannst du auch ein Backpapier dazwischenlegen.

5. Das Ganze wiederholst du auf der anderen Seite.

1. Der Zuschnitt hat die Maße 22 x 16 cm. Du benötigst ihn zweimal für die Außentasche aus Wachstuch und zweimal für die Innentasche aus Baumwollstoff. Dazu einen Endlos-Reißverschluss in ca. 25 cm Länge, ein kleines Etikett sowie für den Zipper ein Lederbändchen und Perlen.

2. Das Etikett befestigst du in einer unteren Ecke des Außentaschen-Stoffs. Denk dabei an die Nahtzugabe, damit der hübsche Hingucker nachher nicht in der Naht verschwindet: Du solltest das Etikett mindestens 2 cm vom äußeren und unteren Rand platzieren.

6. Dann ziehst du den Zipper nach innen und legst rechts auf rechts den Außenstoff auf den Außenstoff und den Innenstoff auf den Innenstoff.

7. Du markierst eine ca. 10 cm breite Wendeöffnung am Boden des Innenstoffs und nähst einmal das komplette Rechteck.

8. Du wendest das Täschchen, formst es schön aus und schließt die Wendeöffnung mit einer knappkantigen Naht. Zum Schluss verzierst du den Zipper mit Lederband und Perlen. Die schönen Details machen den Unterschied.

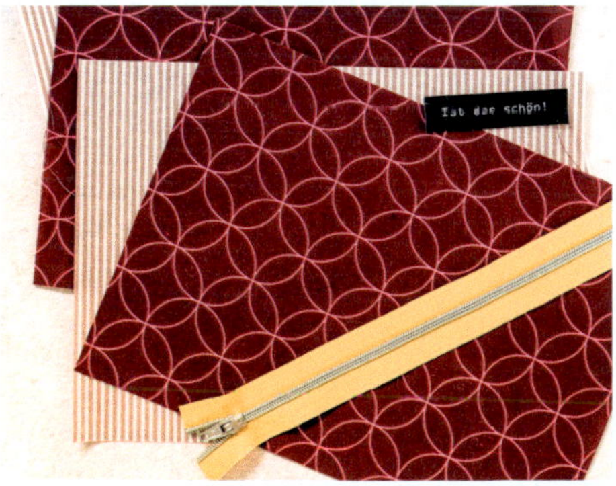

2.

3.

4.

5.

6.

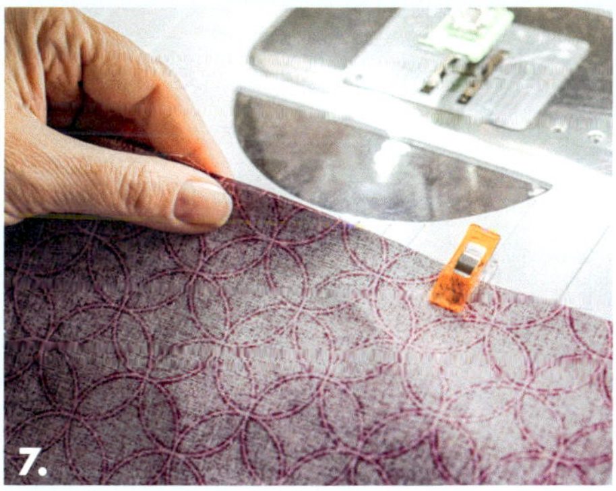
7.

8.

KAPITEL 4

WORKSHOPS PLANEN, VERMARKTEN UND LEITEN

Einen Workshop planen

Mit Workshops lädst du die Teilnehmenden in deinen kreativen Kosmos ein.

Workshops sind eine tolle Sache, gerade zu Beginn deiner Selbstständigkeit. Du kommst in direkten Kontakt mit deiner Zielgruppe und aus zufriedenen Teilnehmenden werden treue Kundinnen und Kunden, die sich mit dir verbunden fühlen. So oft habe ich erlebt, wie jemand gestresst und genervt in den Workshop kam – bevor er nach drei Stunden mit sich und der Welt im Reinen glücklich wieder hinausschwebte. Wer mit so einem Gefühl aus deinen Kursen geht, wird nicht nur irgendein Kunde sein, sondern wird von deiner Arbeit erzählen und sich als Teil deiner kleinen Welt fühlen.

Die Atmosphäre im Workshop sollte von Anfang an einladend sein und deinen Stil zeigen – ein Platz, der die Teilnehmenden willkommen heißt, vielleicht sogar mit einem kleinen Namensschildchen, Wasser und Knabbereien auf dem Tisch … hübsche Notizzettel, ein Stoffstückchen zum Ausprobieren … Auch wenn du unterschiedliche Workshop-Lokalitäten nutzt, kannst du mit deinen eigenen Tischdecken und deinen Materialien, kleinen Begrüßungs-Goodies usw. deinen Stil klar zeigen. Du holst die Teilnehmenden zu dir, du bist die Gastgeberin.

Aus dem Nähkästchen

Ich habe mal einen Workshop besucht, bei dem die Kursleiterin nicht wirklich Freude am Lehren zu haben schien. Das ist fatal, denn es hinterlässt ein unangenehmes Gefühl. Im Workshop sollten sich die Teilnehmenden willkommen fühlen. Mit persönlichen Extras kannst du eine positive Grundstimmung schaffen. Ich nähe beispielsweise in meinen Anfängerkursen als erstes Mini-Projekt ein kleines Lavendelkissen. Daran üben wir die ersten Schritte – ein Einstiegsgeschenk meinerseits, ein kleiner Eisbrecher zu Beginn. Unterschätze nie, wie nervös manche Menschen zu dir kommen. Sie möchten alles richtig machen und sich nicht blamieren. Vielleicht haben sie schon einmal eine schlechte Erfahrung in einem Kurs oder in der Schule gemacht – sei also behutsam.

Workshops sind eine tolle Ergänzung deines Portfolios und können hervorragende Umsätze bescheren. Sie ermöglichen einen persönlichen Austausch mit deiner Zielgruppe, du bekommst ein gutes Gefühl für Trends und aktuelle Interessen.

Diese Arbeit muss man aber gerne tun. Wenn du am liebsten an deinen eigenen Projekten arbeitest, dann solltest du keine Workshops anbieten. Fühl dich nicht gedrängt, weil du denkst, dass es unbedingt dazugehört. Mir persönlich ist es ein Herzensanliegen, den Menschen das Nähen beizubringen und die Freude der Teilnehmenden berührt mich. Außerdem arbeite ich nicht so gerne alleine vor mich hin, das brauche ich zwar auch, aber eben nicht nur. Die Gewichtung von Workshops und eigener Arbeit entscheidest zum Glück allein du.

Der Workshop-Markt

Bevor du startest, hilft es, selbst einige Workshops zu besuchen: Dort kannst du dich mit anderen austauschen, du kannst sehen, was dir an der Kursleitung gefällt und was nicht. Schreibe deine Eindrücke nach dem Kurs direkt auf!

Bei der Anmeldung würde ich übrigens ehrlich sagen, dass du in Zukunft eigene Workshops planst. Sonst fühlen sich die Kolleginnen und Kollegen schnell ausspioniert. Vielleicht ergeben sich auf diese Weise auch Kooperationen?

Workshops zu besuchen ist auf jeden Fall eine gute Investition in dich selbst. Das lohnt sich: Nimm dir die Zeit, du bist es wert.

Die Art des Workshops

Die Frage, welche Art Workshop du anbieten möchtest, hängt von deinen Fähigkeiten ab. Du solltest das, was du lehren möchtest im Schlaf beherrschen. Es wäre nicht gut, mitten im Workshop erst einmal in einem Handbuch blättern zu müssen ... Auf der anderen Seite musst du nicht alles wissen. Oft kommen Fragen, die über das von dir definierte Thema hinausgehen. Dann sag klar, dass du dich schlaumachen wirst – zum Beispiel während die Teilnehmenden frei arbeiten.

Der Grundgedanke bei den meisten meiner Workshops ist, das fertige Projekt am Ende in den Händen zu halten. Du kannst jedoch auch Technikkurse anbieten, an denen zu Hause weitergearbeitet wird. Allerdings ist meine Erfahrung, dass das fertige, eigene Projekt die Teilnehmenden geradezu elektrisiert. Insbesondere Einsteiger/-innen macht das glücklich und stolz.

Du brauchst auf jeden Fall fertig vorbereitete Musterpojekte, die alle in die Hand nehmen können. Gut ist auch, wenn du verschiedene Ideen und Kombinationen oder Materialpakete anbietest. Das ist eine Entscheidungshilfe für deine Gäste – und für dich eine Zusatzeinnahme.

Manche Projekte eignen sich besser für Workshops, andere schlechter. Hier die wichtigsten Leitfragen:

- Welchen Zeitrahmen soll der Workshop haben?
- Welche Materialien benötigst du?
- Welche Maschinen sind notwendig?
- Wie müssen die Arbeitsplätze ausgestattet sein (Licht, Strom ...)?
- Wie sieht der Platzbedarf aus?

Der Raum und die Teilnehmerzahl

Einen Workshop-Raum zu finden, ist nicht immer einfach. Hier hilft es, um die Ecke zu denken: Wie sieht es mit Vereinen, Büchereien oder der Stadtverwaltung vor Ort aus? Wenn du das Gespräch suchst, ergeben sich bestimmt überraschende Lösungen.
Ein wichtiger Punkt ist die Teilnehmerzahl. Wenn du einen Technikkurs anbietest, bei dem die Teilnehmenden frei arbeiten und du nur punktuell unterstützen musst, kannst du eine größere Runde planen.

Andere Kursthemen verlangen hingegen eine intensivere Einzelbetreuung. In diesem Fall planst du mit einer kleineren Runde. Aus der geplanten Teilnehmerzahl ergibt sich die Raumgröße. Und natürlich müssen die Arbeitsplatzausstattung sowie die technischen Voraussetzungen wie Steckdosen, Licht usw. passen.

Die Zeitplanung

Für die Planung deines Workshops sind diese Fragen entscheidend: Wie viel Zeit brauche ich für dieses Projekt? Und wie viel Zeit braucht jemand, der das Ganze zum ersten Mal macht?

Wir Kreativen, die schon oft ein bestimmtes Produkt erstellt haben, machen das im Schlaf. Für Anfänger ergeben sich hingegen Klippen, mit denen du vorher gar nicht gerechnet hast. Das kostet Zeit – und dann wird‘s hektisch oder du überziehst deine geplante Arbeitszeit …

Deswegen: Plane unbedingt Zeitpuffer ein. Anfangs hatte ich Bedenken, die Inhalte könnten für einen Kursabend nicht reichen und die Teilnehmenden ärgerlich werden, wenn sie für einen dreistündigen Workshop bezahlt haben, aber früher fertig sind. Das ist jedoch praktisch nie passiert, meistens haben wir die Workshop-Dauer überzogen, weil ich die notwendige Arbeitszeit zu knapp kalkuliert habe.

Meine Erfahrung zeigt: Verplane nur zwei Drittel der Zeit. Für Teilnehmende, die früher fertig sind, kannst du ein kleines Zusatzprojekt anbieten. Das gibt dir während des Workshops die notwendige innere Ruhe und du hast nicht mehr das Gefühl, durchs Programm hetzen zu müssen.

Tipp: Suche dir eine Workshop-Testperson. Zu Beginn habe ich kostenlose Workshops mit meinen Facebook-Followern gemacht … und danach um Rezensionen gebeten. So bekommst du ein Gefühl dafür, an welchen Stellen es schwierig wird, wie viel Zeit das Projekt braucht, wie viel Material benötigt wird etc.

Die Teilnehmenden arbeiten immer unterschiedlich schnell. Die richtige Mitte zu finden, sodass niemand über- oder unterfordert ist, lernst du mit der Zeit. Auch hatte ich schon das Problem, dass Teilnehmende mehr auf ihr Handy gestarrt und Fotos für ihre Instagram-Story gemacht haben, als sich auf das Wesentliche zu konzentrieren. Manchen Menschen fällt es aus unterschiedlichsten Gründen schwer, den Fokus zu halten. Immer wieder sanft darauf hinzuweisen, was gerade dran ist, hilft.

Aus dem Nähkästchen

Bedenke bei der Planung auch die Tageszeit und den Wochentag, die für deine Zielgruppe am besten geeignet sind. So macht es keinen Sinn, einen Nähkurs für Kinderkleidung unter der Woche nachmittags anzubieten. Denn Mütter haben eher vormittags oder abends Zeit – wenn die Kinder in der Schule bzw. im Kindergarten sind oder wenn sie schlafen und von anderen Familienmitgliedern betreut werden. Die Tagesabläufe deiner Zielgruppe sind also wichtig für deine Zeitplanung.

Die Kalkulation

Die Kalkulation beinhaltet den Gewinn aus den verkauften Materialien und deine Arbeitszeit. Für deinen Stundensatz sind 90,- € eine gute Größenordnung.

Beispiel:

Du bietest einen zweieinhalbstündigen Kreidefarben-Workshop für 9 Personen an, bei dem Schilder mit Schablonen gearbeitet werden. Die Teilnehmenden bekommen ein Starterpack aus 2 Farbgläsern, 2 Pinseln, einer Schablone und 2 Holzbrettern. Du stellst jedem eine Schürze zur Verfügung und deckst die Tische gut ab. Es gibt Kekse, Mineralwasser, Kaffee und Tee.

Wir rechnen pro Person und als Kleinunternehmen, also ohne Mehrwertsteuer.

- Verpflegung: 5,00 €
- Materialkosten:
  2 Farbgläser: 7,00 €
  Schablone: 3,50 €
  Pinsel: 4,00 €
  2 Holzbretter 4,00 €
  pro Person = 23,50 €

- Raummiete für den Abend: 60,00 €
  pro Person = 6,67 €

- Deine Arbeitszeit
  (3 Stunden à 90,- €): 270,00 €
  pro Person = 30,00 €

Summe Kosten pro Person: **60,17 €**

Damit sind aber noch nicht dein Workshop-Konzept, die Vorbereitung oder die Materialbeschaffung bezahlt.

Fazit: Ich würde diesen Workshop für 69,- € pro Person anbieten. Dann passt die Kalkulation.

Workshops planen

- Unterrichtest du gerne?
- Warum möchtest du Workshops anbieten?
- Welche Projekte, die du sehr gut beherrschst, würden sich für einen Workshop anbieten?
- Wie schätzt du die Zeitdauer ein?
- Wenn du schon Workshops besucht hast: Was mochtest du, was hat dir ein gutes Gefühl gegeben?
- Was mochtest du nicht?
- Welche Workshops würdest du gerne in den nächsten 6 Monaten besuchen?
- Welche Fähigkeiten würdest du gerne vertiefen?
- Welche Kursleiter/-in oder Location würdest du gerne kennenlernen?
- Wer könnte eine Testperson deines Angebots sein? (Fotos machen nicht vergessen!)
- Welche Verbrauchsmaterialien, Maschinen, Werkzeuge usw. hast du vorrätig? Wie sieht es mit Dingen wie Kabeltrommel oder Beleuchtung aus?
- Was müsstest du anschaffen?
- Wie könnte ein schönes Willkommen aussehen?
- Wie viel müsste der Workshop pro Person kosten, damit er sich für dich rechnet? Was würdest du an einem vorbereiteten Materialset verdienen?
- Welche Materialien könntest du günstig von einem Hersteller beziehen?
  (Vergiss nicht, nach Werbegeschenken oder Erwähnungen auf Social Media zu fragen.)

Dein Workshop-Angebot vermarkten

Bei der Werbung für dein Workshop-Angebot lautet die zentrale Frage: Warum sollte irgendjemand in deinen Workshop kommen? Am besten schreibst du dir die Antwort vorab auf.

Welche Gründe gibt es, deinen Workshop zu besuchen?

Die Workshops ausschreiben

Deine Werbetexte formulierst du aus Kundensicht: Was lernt man bei dir und welches Ergebnis nimmt man am Ende des Workshops mit nach Hause? Zudem sollten folgende Punkte angesprochen werden:
Welche Vorkenntnisse sind notwendig?
Wie ist der Endpreis inklusive Material?
Welche Werkzeuge werden gestellt, welche sollen mitgebracht werden?

Zu Beginn habe ich beispielsweise den Fehler gemacht, dass ich meine Preise zuzüglich Material angegeben habe, ohne die ungefähren Materialkosten eindeutig zu benennen.

Deine Werbetexte zeigen von Anfang an deine Art und deinen Stil. Du brauchst keine trockenen, formvollendeten Formulierungen, sondern den Schwung und ein liebevolles Das-kannst-du-auch! Zeig ruhig deine Freude und Begeisterung, das weckt sofort Interesse an deinen Kursen. Trau dich, deine Persönlichkeit klar zu zeigen. Der Kurs lebt von dir. Nur du vermittelst dieses Wissen auf genau deine Art. Und so werden die Menschen zu dir finden, die genau diese Art mögen.

Aus dem Nähkästchen

Ich bin eher ein wenig flapsig und laut, nenne meine Teilnehmer/-innen schnell „Herzchen“... Das können nicht alle leiden. Aber die, die es mögen, kommen immer wieder. Und sie wissen schon in der Ausschreibung, was sie erwartet.

Das Workshop-Angebot ausbauen

Wie kannst du dein Workshop-Angebot so aufbauen, dass es langfristig trägt?

Gestalte deine Workshops als Baukastensystem, bei dem ein Kurs zum nächsten führt.

Wenn deine Kunden und Kundinnen den Weg zu dir gefunden haben und du sie mit deinem Workshop überzeugt hast, ist es ein Leichtes, sie zum nächsten Schritt einzuladen. Am Ende der Anfängerkurse weise ich immer auf die Kurse hin, die mit dem jetzigen Wissensstand besucht werden können. Wenn du die Begeisterung der Teilnehmenden geweckt hast, haben sie Lust direkt weiterzumachen. Und wenn die Runde harmonisch war und alle sich in dieser Besetzung wieder treffen möchten, kannst du direkt einen neuen Termin für alle Anwesenden vereinbaren.

Deine Zielgruppe erreichen

Frage dich, wo deine Zielgruppe unterwegs ist. Beim Nähen sind Kindergärten ein guter Werbepunkt, denn viele kommen über das Nähen von Kinderkleidung zu diesem Hobby, das sie Schritt für Schritt ausweiten möchten.

Du könntest beispielsweise dem Kindergarten eine Kooperation vorschlagen: Du nähst etwas für den Kindergarten und dafür wird in der nächsten Eltern-Rundmail auf deine Kurse verwiesen ... Möglichkeiten, sich zu zeigen, gibt es viele. Es sollte nur zur Zielgruppe gut passen. Und bei allen Vorteilen, die Social Media bietet, sind der direkte Kontakt und das lokale Umfeld ein wichtiger Faktor. Denn nach wie vor sind viele Menschen nicht auf Social Media unterwegs.

Tipp: Bitte deine Teilnehmer/-innen immer, deine Workshops weiterzuempfehlen – online und offline.

Hier ein paar Vermarktungstipps aus erster Hand:
Eine meiner Coachees bietet Kurse an, in denen Blusen für Business-Ladies genäht werden – die Flyer dazu verteilt sie im Frankfurter Bankenviertel.

Für Kinderkurse kannst du dich auch an Schulen wenden. Werbung wird in verschiedenen Institutionen unterschiedlich gehandhabt, aber fragen kostet nichts.

Du kannst Flyer dort auslegen, wo keine Konkurrenzsituation entsteht: Ein Yogastudio wird wahrscheinlich problemlos eine Werbung für Kreativkurse ermöglichen.

Bei uns gibt es im Nachbarort eine Buchhandlung, mit der ich ein schönes Event durchgeführt habe: In der Buchhandlung bot ich einen Nähnachmittag für Kinder an. Gleichzeitig standen jede Menge Nähbücher zum Verkauf. Die Eltern konnten in Ruhe stöbern und Bücher shoppen, während die Kinder Kleinigkeiten nähten. Win-Win vom Feinsten.

Auch auf die umliegenden Weingütern sind wir mit einem kleinen Kreativ-Workshop angereist: Übersichtliche Projekte, für die man keine große Ausstattung braucht und die Kindern und Erwachsenen Spaß machen. Darüber haben wir viele Kontakte geknüpft. Oft braucht es nicht viel mehr als eine Bierbank und ein paar Stoffreste.

Kooperationen mit Herstellern sind auch für Workshops eine gute Sache: Bietest du zum Beispiel einen Illustrationskurs an, könntest du eine Vereinbarung mit einem Farbenhersteller treffen: Du verwendest seine Produkte im Kurs und zeigst sie. Manche Firmen stellen das Material dann kostengünstiger oder sogar kostenlos zur Verfügung. Und ich würde immer fragen, ab welcher Abnahmemenge du einen Gewerberabatt erhältst. Vielleicht gibt es sogar Werbegeschenke, die du an die Teilnehmenden weitergeben kannst. Und mit ein bisschen Glück nennt dich der Farbenhersteller auf seinen Seiten als Workshop-Anbieter/in!

Wenn du auf Kunsthandwerk-Märkten verkaufst, kannst du dort Flyer mit deinen Workshops auslegen und dein Angebot auf einer kleinen Tafel bewerben.

Und last but not least: Bewirb deine Workshops auf Facebook oder Instagram.

Mehr Infos rund um Social Med[…] gibt's ab Seite […]

Dein Workshop-Angebot ausbauen und vermarkten

- Welche Vorkenntnisse brauchen die Teilnehmenden?
- Wenn Vorkenntnisse notwendig sind: Wäre das ein eigener Kurs?
- Welches Projekt könnten die Teilnehmenden nach dem Workshop als Nächstes angehen?
- Welche Zielgruppe interessiert sich für diesen Kurs?
- Wo halten sich die Menschen aus der definierten Zielgruppe auf? Welche weitere Interessen könnten sie noch haben?
- Auf welchen Wegen erreichst du sie am besten? Online, offline?
- Wie sieht dein Flyer aus?
- Wer könnte deine Workshops bewerben? (Örtliche kleine Läden und Kreativ-Anbieter sowie Buchläden, Yoga-Studios etc. legen sicher gerne Flyer aus.)
- Mit welchen anderen lokalen Kreativen oder Geschäften könntest du zusammenarbeiten? Wie könntet ihr euch gegenseitig unterstützen? Welche Projekte könntet ihr planen?
- Online-Werbung: Welche Hashtags und Begriffe für Suchmaschinen könnten helfen? Unter welchen Begriffen würdest du deinen Workshop suchen?

Einen Workshop leiten

Wenn Teilnehmerinnen und Teilnehmer in deine Workshops kommen, kennst du ihre Geschichte nicht. Du weißt nicht, was der Grund ist, warum sie deinen Kurs besuchen. Je länger ich Kurse leite, desto klarer wird mir, dass es ein großer Vertrauensbeweis ist, wenn jemand vor mir sitzt. Lehren hat viel mit Respekt vor den Lernenden und ihren persönlichen Erfahrungen zu tun.

> Du kennst die Geschichten nicht, die mit am Tisch sitzen. Sei eine liebevolle und aufmerksame Gastgeberin!

Die Menschen kommen mit einer Erwartungshaltung und einem Rucksack an Erfahrungen zu dir. Das weißt du alles vorher nicht. Also sei behutsam und freu dich mit allen über jeden Fortschritt. Und nimm eine ablehnende Haltung nicht gleich persönlich. Du weißt nicht, wie viel Mut es jemanden kostet, an deinem Tisch zu sitzen.

Klar, es ist ein Kreativ-Workshop: Niemand muss über glühende Kohlen gehen oder Bungee-Jumpen. Üblicherweise sind unsere Workshops nicht lebensbedrohlich. Aber es gibt immer die Chance, sich zu blamieren, Unwissenheit zeigen zu müssen, Fehler zu machen und man muss unter Menschen gehen. Für einige ist das eine riesige Challenge, also sei dir dessen bewusst.

Tja, und dann gibt es noch die unterschiedlichsten Typen, die deine Workshops besuchen: die Lauten, die Leisen, die Verzagten, die Übervorsichtigen, die Draufgänger, die Perfektionisten, die Ungeduldigen, die Träumer – und die, die einfach nur von einer Freundin mitgeschleppt wurden. Und alle möchten da abgeholt werden, wo sie gerade stehen.

Natürlich ist ein Kreativ-Workshop kein Therapieraum. Aber es geht hier ähnlich zu wie im Friseursalon: Auch hier erzählen die Menschen von ihren Freuden und Sorgen ... So ist jeder Workshop ein kleiner Kosmos und du lernst immer etwas Neues. Eine spannende Reise!

Aus dem Nähkästchen

Ziemlich zu Beginn leitete ich einen Workshop, den drei Freundinnen zusammen gebucht hatten und ich begrüßte sie freudig. Die drei wirkten nett, schauten aber nicht nach positiver Grundstimmung aus. Es lag etwas Ablehnendes in der Luft. Nun fragte ich mich die ganze Zeit, was bei der Begrüßung schiefgelaufen war, suchte den Fehler bei mir. Im Laufe des Abends entspannten sich die drei und erzählten schließlich, dass sie gemeinsam einen Strickkurs an der örtlichen Volkshochschule besucht hatten, bei dem die Kursleitung die ersten Versuche teilweise verletzend kommentiert hatte. Das ist absolut indiskutabel und ich habe mich von Herzen bei den dreien bedankt, dass sie mir eine Chance gegeben haben. Heute noch sind sie liebe Kundinnen von mir.

Ein andermal hatte ich eine Kundin, die für den nächsten Workshop ankündigte, eine liebe Freundin mitzubringen. Die Freundin kam zum nächsten Kurs, wirkte sehr still und abwartend. Sie blieb es den ganzen Abend, ich ließ sie ihr Ding machen, nickte ihr ab und zu freundlich zu und versuchte, ganz vorsichtig zu unterstützen. Die beiden gingen an dem Abend als letzte, und in der Tür erzählte sie mir, dass sie momentan eine sehr schwierige Phase hatte und sich seit Wochen nicht unter Menschen getraut hatte.

Lavendelsäckchen: die Nähanleitung

Bei meinen Kursen liegt das Lavendelsäckchen als Materialset zur Begrüßung an jedem Platz. Es ist ein Mini-Projekt, mit dem sich mögliche Leerzeiten prima überbrücken lassen. Außerdem legen sich deine Teilnehmerinnen und Teilnehmer das Säckchen in den Schrank – und denken täglich an dich! Manchmal verschenke ich es auch bei größeren Online-Bestellungen, es lässt sich gut als Kleinserie fertigen!

Du benötigst 2 Stoffstücke von etwa 10 x 10 cm, ein bisschen Lavendel und ein Band als Aufhängung.

1. Du legst die beiden Stoffstücke rechts auf rechts aufeinander und nähst 2 Seiten sowie den Boden komplett zu. Am Boden schneidest du die Ecken schräg ab, dann lässt sich das Ganze besser wenden.

2. Du wendest das Säckchen und formst die Ecken gut aus. Dann füllst du einige Teelöffel Lavendel ein.

3. Du schlägst die obere Kante links auf links nach innen und legst das Bändchen ein.

4. Du schließt das Ganze, indem du die obere Kante zunähst.

KAPITEL 5

DEINE SICHTBARKEIT

Warum du dich zeigen musst

Auch das beste Produkt verkauft sich nicht von selbst. Das tut es einfach nicht. Vor allem nicht am Anfang, wenn nur wenige dein Label kennen. Damit jemand deine Arbeiten kaufen kann, muss er dich und deine Produkte erst einmal finden. Aber: Wenn das Produkt nicht gut ist, dann kannst du marketingtechnisch tun, was du willst, es wird schwierig. Das gute Produkt ist die Grundbedingung.

Ganz entscheidend ist, dass du deine Vorlieben zeigst, deine Ideen, dass du deinen Stil nach außen trägst. Hierbei hilft dir wieder ein Vision-Board (siehe Seite 29). Du musst von ganzem Herzen hinter dem stehen, was du verkaufst. Wenn das Gefühl nicht stimmt, kannst du suchmaschinenoptimiert arbeiten, wie du möchtest ... Das wird nichts.

Am Anfang dachte ich reichlich naiv: Meine Produkte sind so toll, die werden mir direkt aus den Händen gerissen. Kleiner Spoiler: So war es nicht ...

Denk immer dran: Du verkaufst nicht nur ein Produkt. Du verkaufst deinen Stil. Deine Art, an Dinge heranzugehen. Die Atmosphäre. Die Geschichte, die dahintersteckt. Deine Werte. Irgendjemand muss dein Produkt sehen und verstehen. Und diese Idee musst du aktiv nach außen transportieren: Du setzt den Trend, du folgst ihm nicht.

Aus dem Nähkästchen

Im letzten Jahr waren bei uns Musselindecken der große Renner. Ich hatte bei einer Kollegin diese Decken fertig genäht gesehen, allerdings aus einem festeren Material. Ich bestellte mir eine und fragte sie, ob es für sie in Ordnung sei, wenn ich aus meinem leichteren Musselin ebenfalls Decken nähe und anbiete. Mit dieser Absprache fühlte ich mich wohler. Ich schrieb einen Blogbeitrag über das Nähen einer solchen Decke, gab darin Tipps zur Verarbeitung des feinen Materials und sprach darüber, wofür ich diese Decke so schätze und liebe. Im Frühling habe ich sie morgens oder abends im Garten dabei, wenn es ein bisschen kühler ist – nur ein kleiner Hauch, keine schwere, warme Winterdecke. Ich liebe sie im Hochsommer als Schlafdecke – und meine Katze liebt sie das ganze Jahr. Seitdem habe ich Hunderte von Metern Musselin verkauft. Denn ich konnte meinen LeserInnen und Lesern das Gefühl vermitteln, das ich mit meiner Decke verbinde.

„Wenn ich acht Stunden Zeit hätte, um einen Baum zu fällen, würde ich sechs Stunden die Axt schleifen."
Abraham Lincoln

Deine Kundinnen und Kunden müssen dich sehen, dein Produkt sehen – und den Nutzen verstehen, den sie daraus ziehen können. Deshalb ist das klare Bild von deinem Unternehmen so wichtig. Es ist wie dein Polarstern, an dem du dich orientierst. Dann kannst du alle Entscheidungen daran ausrichten und genau sagen, wie du weiter vorgehst.

Ohne Sichtbarkeit geht es also nicht. Wenn deine Axt im übertragenen Sinne gut geschliffen ist, können alle sehen, was sie bei dir bekommen – und was nicht. Und dann wirst du die Menschen finden, die dieselben Sachen schön finden wie du. Das werden deine treuesten Kundinnen und Kunden. Sie werden immer zu dir zurückfinden. Sichtbarkeit hat also viel mit Klarheit und Unverwechselbarkeit zu tun. Und das Ganze ist eng verzahnt mit deinem persönlichen Branding.

Informationen rund um das Thema Branding gibt's ab Seite 119.

Du kannst dich online und offline zeigen. In beiden Fällen ist die größte Angst meiner Coachees, einen verletzenden Kommentar abzubekommen. Deswegen fällt es uns so schwer, uns zu zeigen. Die Sorge vor Ablehnung oder Kritik. Wir legen unser Herzblut in unsere Arbeit – und jemand trampelt darüber. Aber das darf dich nicht abhalten. Zeig dich. Der Welt geht etwas verloren, wenn du deine Talente nicht mit uns allen teilst.

Aus dem Nähkästchen

Offline: dein Marktstand

Um dich offline zu zeigen, sind Märkte ideal. Es gibt verschiedene Arten von Märkten, die etwas einfacheren und die High-End-Märkte, die mehrere hundert Euro Standgebühr kosten.

Auf Pinterest findest du jede Menge Ideen zur Dekoration eines Markt- oder Messestandes.

Gerade zu Beginn möchte man ungern hohe Standgebühren bezahlen, ohne zu wissen, wie sich die Produkte verkaufen. Aber meine Erfahrung war immer, dass die teureren Veranstaltungen im Verhältnis den entsprechenden Umsatz gebracht haben. Es bringt dir wenig, wenn du zwar eine niedrige Standgebühr bezahlst, aber kaum Umsatz machst. Die Zeit hast du so oder so investiert. Deswegen würde ich heute das Geld in die Hand nehmen und mich von Anfang an auf den etwas höherpreisigen Märkten zeigen.

Aus dem Nähkästchen

Märkten habe ich viel zu verdanken, dort habe ich meine ersten Kundinnen und Kunden außerhalb meines Bekanntenkreises gefunden und meine Newsletter-Liste aufgebaut.

Eine gute Möglichkeit sind in meiner Region die Winzer: Auf Hoffesten habe ich kleine Workshops für Kinder angeboten und meine Sachen gezeigt. Die Eltern konnten in Ruhe essen und trinken, während die Kleinen beschäftigt waren. Das ist mit einfachen Mitteln zu machen, gleichzeitig kannst du wunderbar deine Produkte an einem Tisch präsentieren und dein Kursprogramm auslegen. Die Winzer freuten sich immer, wenn ich ihre Hoffeste auf meinen Social-Media-Kanälen beworben habe. Wenn es bei dir in der Region nichts Vergleichbares gibt, frage bei einem kleinen Laden oder anderen Kreativen aus deiner Umgebung nach: Vielleicht haben sie Lust, gemeinsam ein eigenes Event auf die Beine zu stellen? Wenn sich mehrere zusammentun, ist das bereichernd, da jeder seine Kundinnen und Kunden mitbringt.

Die Präsentation

Die Präsentation deiner Waren ist so wichtig! Toll sind Dekorationen, die zu deiner Marke passen, zum Beispiel ein schöner alter Koffer, ein Korb, Holzkisten oder Ähnliches. Schmücke deinen Stand mit hübschen Kleiderbügeln, Baumstämmen und Ästen, schönen Stoffen, benutze Draht, Kupferrohre, Wimpelketten, Lichterketten ... Denke in Farbwelten – harmonische Farbklänge wirken besser als ein kunterbuntes Durcheinander.
Beispiel: Sortiere alle zu verkaufenden Taschen von hell nach dunkel, sodass es wie ein Regenbogen oder eine Farbpalette wirkt.

Überlade das Ganze nicht, du musst nicht dein ganzes Sortiment dabeihaben. Mache eventuell Handy-Fotos von einigen Dingen, die du am nächsten Tag mitbringen kannst für Menschen, die in der Nähe wohnen. Oder du versendest das Produkt.

Kein Markt ist wie der andere: Schau, was gut und was weniger gut funktioniert. Es ist ein permanentes Lernen! Schön finde ich es, wenn du dein Handwerk direkt zeigst. Nimm also ein bisschen Arbeit mit, dann lernen Interessierte den Herstellungsprozess besser kennen.

Eine Freundin von mir ist Floristin und mietet zweimal im Jahr eine wunderschöne alte Scheune für eine Ausstellung. Dabei sind verschiedene Farbwelten in verschiedenen Ecken zu finden. Das wirkt sehr harmonisch und aufgeräumt.
Wenn du erst einmal ausprobieren möchtest, wie deine Schätze ankommen, ist das übrigens eine gute Idee: Miete selbst eine hübsche Räumlichkeit, trau dich! Auch hier braucht es zunächst Geduld, denn dein Event muss erst einmal bekannt werden. Aber auf diese Weise brauchst du nicht auf einen Markttermin zu warten. Du planst so, wie du es haben möchtest.

Aus dem Nähkästchen

Tipp: Mach Fotos von deinem Stand und versuche ihn mit den Augen der Besucher/-innen zu betrachten. Wohin wird der Blick gelenkt? Mit den Fotos kannst du deinen nächsten Markt vorher online bewerben und deine Online-Community einladen!

Einen Markttag planen

Der Stand:

An folgende Dinge solltest du denken:

- Brauchst du einen Pavillon? Oder ist der Markt drinnen?
- Gibt es Strom? Mehrfachsteckdosen, Kabeltrommel …
- Wie steht es um die Beleuchtung?
- Kasse mit Wechselgeld
- Kartenzahlung ist auch auf einem Markt eine feine Sache: Es gibt mobile Kassensysteme, die mit dem Handy bedient werden können.
- Handy und Ladekabel, Powerbank
- Notizblock, Stifte, Schere, Preisschilder, Etiketten, schönes Verpackungsmaterial
- Kleiner Werkzeugkasten mit Schraubenzieher, Hammer (für Zelt-Heringe), festes Klebeband, Kabelbinder, Schnur, Sicherheitsnadeln …
- Abdeck-Plane oder Ähnliches, falls es zu regnen anfängt

Marketingmaterial:

- Flyer, Karten, Kursprogramme
- Newsletter-Anmeldung anbieten
- Musterstücke zu den Kursen
- Veranstalte an deinem Stand ein kleines Gewinnspiel.

Für dich:

Markttage sind wunderschön, können aber anstrengend sein. Also sorge gut für dich!

- Decke, bequemer Stuhl, eine kleine Handarbeit, warme Kleidung, Tee und Getränke, etwas Leckeres zu essen …
- Notfallpäckchen mit Pflaster, Sonnencreme, Ersatzkleidung, Schirm
- Unbedingt: gute Schuhe, in denen du bequem laufen und stehen kannst

Dekoration:

- Plane deinen Stand gut. Überlege dir unkonventionelle Hingucker zur Präsentation: alte Obstkisten, alte Holzleitern, Zinkwannen, Paletten, Koffer, Körbe … Versuche, verschiedene Ebenen zu schaffen. Mit Stoffen als Tischdecken kannst du dem Ganzen einen einheitlichen Look geben – gerade bei Tischen unterschiedlicher Höhe.

- Hast du einen Pavillon? Dann kannst du an gespannten Schnüren und Holz-Wäscheklammern deine Produkte oder auch Visitenkarten zum Mitnehmen präsentieren.

Dein Online-Shop

Es gibt viele Gründe für einen Online-Shop, einer davon ist deine erhöhte Sichtbarkeit. Abgesehen davon halte ich den Online-Shop für den ersten wichtigen Schritt – auch wenn du mittelfristig ein stationäres Ladengeschäft planst.

Viele meiner Kundinnen und Kunden schauen sich vorab meinen Online-Shop an, bevor sie sich auf den Weg in den Laden machen – unabhängig davon, ob sie 5 oder 500 Kilometer fahren müssen.

Trainingsfeld Online-Shop

Mit einem Online-Shop kannst du deine ersten Schritte gehen – ohne dich direkt um Ladenmiete, Inventar usw. kümmern zu müssen. So kannst du deine unternehmerischen Fähigkeiten schon einmal trainieren: Du baust dir einen Kundenstamm auf, erreichst Menschen, die deinen Stil wahrnehmen und schätzen. Das ist ein großes Plus, wenn du anschließend einen „echten" Laden eröffnen möchtest.

Mit einem Online-Shop kannst du vor der Eröffnung ebenfalls trainieren, wie du deine Arbeitszeiten in den Alltag integrierst, wie du dich selbst managst. Du baust dein Sortiment auf und verfeinerst deine Fotografie. Du planst dein Konzept, findest einen einheitlichen Look, entwirfst ein Logo, kaufst Material ein, gestaltest Produktionsprozesse. Das Geniale ist, dass du so allerhand lernst, ohne einen Batzen an Fixkosten. Viele Fragen sind dann bereits vor der eigentlichen Offline-Eröffnung geklärt.

Wohin mit dem Online-Shop?

Für den Start sind Shop-Plattformen o.k.

Einfacher wird's mit deinem Shop auf einer Plattform wie etsy. Dort wirst du durch den eigentlichen Erstellungsprozess hindurchgeleitet – gerade zu Beginn eine große Hilfe. Auch das Miteinander auf etsy und die Unterstützung durch die Plattform sind wirklich gut. Du findest hier ein Verkäuferhandbuch online, das dich beim Start unterstützt und viele Fragen beantwortet.

Wenn du allerdings deinen Haupterwerb über deinen Online-Shop generieren möchtest, rate ich dir, nicht alle Eier in ein Körbchen zu legen. Denn mit deinem Shop auf einer Plattform begibst du dich in Abhängigkeit: Dein Geschäft im Netz steht nicht auf deinem eigenen Grund und Boden. Deswegen würde ich mittelfristig einen eigenen, unabhängigen Shop parallel aufbauen.

Online-Dumping?

Ich sagte es bereits, kann es aber nicht oft genug wiederholen: Setze deine Preise so an, dass du mit deinem Business Geld verdienst. Sonst ist es kein Business. Eine Schwierigkeit unserer Branche ist, mit den Preisen von Menschen zu konkurrieren, die beispielsweise ihre Arbeitszeit nicht einkalkulieren. Aber du wirst nichts erreichen, wenn du über den niedrigsten Preis verkaufst.

Gerade auf einer Online-Plattform ist absolute Vergleichbarkeit gegeben, doch meine Erfahrung zeigt: Wenn du ein gutes Produkt ansprechend präsentierst und vernünftig kalkulierst, kannst du deinen Kundenstamm auch hier aufbauen und gegen Billiganbieter bestehen.

Mehr zu tragfähigen Kalkulationen findest du ab Seite 60.

Dein Online-Erscheinungsbild

Um mit deinem Online-Shop gefunden zu werden, brauchst du ein klares Erscheinungsbild, das deinen Stil und deine Produkte auf einen Blick zeigt. Schau dir zu Beginn erfolgreiche Shops an, die Ähnliches anbieten. Analysiere genau, was dir warum gefällt und was nicht. Halte deine Ergebnisse schriftlich fest und überlege, was dich davon unterscheidet, was dich ausmacht.

Recherche: Ja!
Non-Stopp-Vergleiche: Nein danke!

Nach dieser ersten Recherche empfehle ich dir: Schau dir für eine Weile die Konkurrenz nicht mehr an. Kümmere dich um deine Arbeit, entwickele deine Produkte, mach dein Ding! Denn beim Betrachten anderer Shops gerät man schnell in eine Neid- und Panikspirale. Alle anderen scheinen besser, schneller und erfolgreicher zu sein. Aber: Du kennst nie alle Fakten. Du baust dein Business in deinem Tempo – wie es für dich, dein Leben und deine Budgetplanung passt.

In einer kurzen Einleitung stellst du deine Welt vor: Warum sind deine Produkte so, wie sie sind? Was ist dein Grundgedanke dahinter? Was ist die Idee, die Geschichte, dein Warum?

Mach dir klar: Es gibt keine zweite Chance für einen ersten Eindruck. Dein Logo, deine Startseite, deine Geschichte und deine Bilder müssen ein stimmiges Bild ergeben. Deswegen sind gute Fotos so wichtig. Shop-Fotografie bedeutet immer, dass deine Kundinnen und Kunden nur diese Bilder haben, um das Produkt zu begreifen.

Online können deine Kundinnen und Kunden die Produkte nicht in die Hand nehmen!

Dafür brauchst du zwei Arten von Fotos: Zum einen die sachlichen, konkreten, die das Produkt aus unterschiedlichen Winkeln und die Details zeigen. Daneben benötigst du die schönen, stimmungsvollen Bilder, die Lust machen, das Produkt zu kaufen. Diese Fotos erzählen eine Geschichte, zeigen die vielfältigen Nutzungsmöglichkeiten des Produkts und schaffen einen Ausgleich dafür, dass deine Kundinnen und Kunden das Produkt online nicht in die Hand nehmen können.

Mehr zum Thema Bilder findest du ab Seite 109. Alles Wichtige rund um Social Media gibt's ab Seite 91.

Auch deine Texte spielen online eine wichtige Rolle: Neben Infos zu Maßen, Gewicht und den verwendeten Materialien versuche, das Produkt plastisch zu beschreiben. Erzähle etwas über die Herkunft der Materialien, über den Entstehungsprozess, mach etwas Besonderes daraus!

Dein Online-Shop zeigt deine Persönlichkeit, deinen Stil und sorgt für deinen Wiedererkennungswert – so wirst du auch in der digitalen Welt sichtbar. Wenn du ein echtes, authentisches Bild zeigst, wird dein Shop, mit der entsprechenden Begleitung auf Social Media, ein Erfolg. Ich drücke dir alle Daumen und freue mich darauf, dein Talent und deine Werke zu sehen.

Aus dem Nähkästchen

Wimpelkette: die Nähanleitung

Mit einer Wimpelkette verschönerst du deine Fotos, zeigst deine Farbpalette, dekorierst deinen Marktstand oder gestaltest dein Schaufenster. Eine Wimpelkette wirkt fröhlich, freundlich und liebenswürdig – und ist schnell genäht.

1. Du benötigst mehrere Stoffreste, in gleich große Dreiecke geschnitten, und ein Schrägband in der Wunschlänge deiner Wimpelkette. Die hier zu sehenden Dreiecke sind oben 12 cm breit und 14 cm lang.

2. Lege zwei Stoffstücke rechts auf rechts und nähe sie an den langen Seiten mit einem Geradstich zu. Zu Beginn und Ende der Naht das Verriegeln nicht vergessen! Unten an der Spitze schneidest du den Stoff quer ab, damit nach dem Wenden eine schöne spitze Spitze entsteht. Sonst gibt's ein Knäuel.

3. Dann wendest du die Dreiecke und legst sie mit der offenen Seite in ein Schrägband ein, das du am besten bereits vorgebügelt hast. Wieder mit Geradstich nähst du an der offenen Kante des Schrägbandes entlang, dabei nähst du die Dreiecke mit ein. Fertig!

Tipp: Wenn du nicht nähen kannst oder möchtest, kannst du Wimpelketten aus gestrickten bzw. gehäkelten Elementen gestalten oder einfach aus Papier ausschneiden. Es müssen ja keine dreieckigen Wimpel sein. Was hältst du von Fähnchen, Herzen oder weihnachtlichen Sternen, umwickelt mit einer LED-Lichterkette?

KAPITEL 6

SOCIAL MEDIA

Social-Media-Marketing

Bei Social Media geht es um Miteinander und Austausch. Auf Instagram & Co kannst du eine echte, ehrliche Verbindung zu deinen Kundinnen und Kunden aufbauen – wenn du das so willst. In dieser Gemeinschaft können alle ihre Talente beisteuern, voneinander lernen und profitieren. Ja, auch hier gibt es schwarze Schafe, aber nirgends kannst du sie leichter aus deinem Leben streichen. Und das solltest du auch machen, wenn jemand dir nicht guttut.

Menschen kaufen bei Menschen.

Denk nicht allzu viel über Algorithmen nach oder darüber, dass du eigentlich introvertiert bist. Denk nicht darüber nach, was andere davon halten könnten und dass das bestimmt niemanden interessiert, weil dein Leben langweilig ist. Zeig dich. Mit deiner Art, laut oder leise – dann hast du die authentischste Art des Marketings überhaupt. Die eigene Stimme zu finden ist ein Prozess. Und oft wollen wir uns lieber verstecken, als das Risiko einzugehen, unser echtes Selbst zu zeigen. Aber es gibt so viel zu gewinnen. Denn wenn du dich offen und ehrlich zeigst, wirst du viele Herzen erobern, die dich für das schätzen, was du tust.

Ein Social-Media-Kanal ist ein Schaufenster, mit dem du – ohne Miete zu bezahlen! – der ganzen Welt deine Ideen zeigst. Ohne Social Media hätte ich niemals mein Unternehmen in der heutigen Form aufbauen können. Auf einem kleinen Markt hast du Kundinnen und Kunden, die dein Sortiment und deinen Stil direkt am Stand sehen können. Wenn du ein Ladengeschäft hast, kannst du ein Schaufenster gestalten. In einem Online-Shop zeigst du deine Produkte. Aber bei Social Media zeigst du deine Ideen, deinen Kosmos.

Du erreichst viele Menschen, die dein Interesse teilen, und erhältst ein sofortiges Feedback. Das ist bei einer Gründung, wenn dich noch keiner kennt, pures Gold wert.

Die Kundinnen und Kunden kaufen bei dir, weil du ihnen ein gutes Gefühl gibst. Und es geht immer um das Gefühl, denn Menschen kaufen bei Menschen. Dazu kommt das Produkt. Über Algorithmen und Suchmaschinenoptimierung kannst du ein bisschen hinweglächeln, wenn du ein gutes und durchdachtes Produkt hast. Dein Angebot muss überzeugen, deine Preise sollten vernünftig kalkuliert sein. Das ist die Basis.

Aber letztlich entscheiden das Sortiment, die Menschen und die Atmosphäre, ob ich in einen Laden gehe oder nicht. Und dein Social-Media-Schaufenster ähnelt einem Schaufenster deines Ladengeschäfts: Die Menschen kommen herein, schauen sich um, entscheiden sich zum Kauf – oder auch nicht. Beim Verlassen deines Geschäfts oder deines Social-Media-Accounts haben die Menschen ein bestimmtes Gefühl, das sie mitnehmen. Dieses Gefühl bestimmt darüber, ob du im Gedächtnis bleibst und ob die Menschen wiederkommen.

Aus dem Nähkästchen

Bei einem Vortrag zu diesem Thema bei einem Stoffgroßhändler vor mehreren Jahren, saßen viele Einzelhändler/-innen und schüttelten nur den Kopf. Mir fiel auf, dass viele das Thema rigoros ablehnten. „Ich fotografier doch nicht mein Mittagessen", sagte eine Teilnehmerin.

Das musst du auch nicht. Aber wir leben in einem Zeitalter, das uns unendliche Möglichkeiten bietet. Diese nicht zu nutzen, wäre aus meiner Sicht unklug. Ein Inhaber erzählte, seine Tochter habe ihm einen Facebook-Account eingerichtet, auf dem er ab und an etwas postete. Es lief schleppend. An einem Tag stürmte es so schlimm, dass er ein Video machte, wie der Regen gegen seine Schaufensterscheibe bollerte. Das wurde mehrere hundert Mal angeschaut – und plötzlich kamen Kundinnen und Kunden in den Laden, die er bislang nicht kannte … Warum? Vermutlich hatten sie das Geschäft vorher gar nicht wahrgenommen. Erst mit dem spannenden Video war es ihnen aufgefallen und sie beschlossen, einmal vorbeizuschauen.

Du und deine Community

Wie der Name schon sagt: Bei Social Media geht es um Interaktion mit deiner Community. Die Aufmerksamkeit deiner Follower kannst du nutzen, um ein Business auf- oder dein bereits bestehendes Business auszubauen.

Social Media ermöglicht dir den direkten Kontakt mit deiner Zielgruppe. Auch wenn du zu Beginn „nur“ drei Follower hast (mit denen du vielleicht sogar verwandt oder befreundet bist): Frag immer nach! Bezieh deine Follower in deine Entscheidungsprozesse ein! Frag, welchen Stoff sie passend für dein nächstes Projekt finden … Welches Projekt du als Nächstes angehen sollst, welches Schnittmuster ihnen besser gefällt … Lass sie mitentscheiden. Das Feedback deiner Zielgruppe ist wertvoll und gleichzeitig fühlen sich deine Follower zu Recht als Teil des Ganzen. Diese Form der Vernetzung ist der Urgedanke von Social Media.

Aufmerksamkeit ist DIE Währung im Internet.

Beispiel: Du bist eine Handlettering-Künstlerin und kannst dich nicht entscheiden, ob du die nächsten Weihnachtskarten farbig oder monochrom anbieten sollst. Also fragst du nach und holst dir bei deiner Community ein Stimmungsbild. Du lässt deine Gemeinschaft an deinem Geschäftsleben teilhaben – und alle freuen sich auf die Karten. Das ist Verkaufen, ohne schmierig zu sein, im Interesse aller! Denn deine Kundinnen und Kunden bekommen Karten, die ihnen wirklich gefallen. Und da sie bereits am Entscheidungsprozess beteiligt waren, fühlen sie sich diesem Produkt ganz anders verbunden.

Aus dem Nähkästchen

Als ich einmal über neue Schnittmusterlieferanten nachdachte, habe ich einen Fragensticker in eine Instagram-Story eingebaut. Es kamen viele gute, hilfreiche Anregungen! So wurde ich auf Hersteller aufmerksam, die ich bislang nicht auf dem Zettel hatte. Gleichzeitig konnte ich meine Kundinnen und Kunden in den Entscheidungsprozess einbeziehen und sie auf die neuen Produkte in meinem Sortiment aufmerksam machen. Das ist mehr als Win-Win … und echtes Story-Telling.

Den eigenen Social-Media-Account starten

Facebook, Instagram, LinkedIn oder doch lieber Pinterest? Wenn du mit Social Media beginnst, sind die diversen Möglichkeiten erst einmal verwirrend. Ich selbst habe 2015 mit Facebook gestartet, wo es diverse Möglichkeiten gibt, einen Shop oder Links einzubinden. Doch bereits 2016 eröffnete ich auf Instagram einen Account und bin seither lieber dort aktiv, teile meine Posts aber nach wie vor auch auf Facebook. Sicherlich ist das ein wenig Geschmackssache, doch gerade im Handmade-Bereich eignet sich Instagram als ausgesprochen visuelle App sehr gut. Auf Instagram findest du jede Menge Unterstützung durch Filter, Infos zu Social-Media-Marketing, Algorithmus, Suchmaschinenoptimierung, zur technischen und inhaltlichen Gestaltung von Posts, Storys oder Reels. Pinterest ist keine Social-Media-Plattform im eigentlichen Sinne, sondern eine Art Suchmaschine. Es ist ein tolles Werkzeug, um mehr Traffic für deinen Blog und deine Website generieren. Und bereits seit Längerem gibt es hier die Möglichkeit, Werbungen zu schalten. LinkedIn ist eine gute Plattform, um sich mit anderen Unternehmern und Unternehmerinnen direkt zu vernetzen.

Alle starten mit einem ersten Follower …

Tipp: Dein Tag hat nur eine begrenzte Anzahl von Stunden. Deshalb solltest du lieber die Plattform deiner Wahl mit Energie bespielen, als drei Plattformen halbherzig zu starten.

Die ersten Schritte

Bist du absoluter Social-Media-Neuling? Dann rate ich dir, einfach einen Account auf der Plattform deiner Wahl anzulegen und das Ganze spielerisch anzugehen. Schau dir die Accounts von Kolleginnen und Kollegen an, die schon länger im Geschäft sind. Überlege, was dir gefällt und was nicht. Du kannst lernen und für dich anpassen, ohne ein Copy-Cat zu sein.

Wenn du dir die Accounts rechts und links ansiehst, lass dich bitte nicht verunsichern. Vergleiche nicht deine Anfänge und ersten Versuche mit etwas, das du für perfekt hältst. Du kennst nie die ganze Story dahinter. Und wir alle arbeiten in unserem Tempo, weil wir unterschiedliche Voraussetzungen und Lebenssituationen haben. Konzentrier dich nur darauf, dass du immer besser wirst. Versuche, an dir zu arbeiten.

Es ist ein Prozess – und es geht nur Schritt für Schritt. Jeder hat mit seinem ersten Follower gestartet. Du brauchst Geduld, aber es lohnt sich. Und denk daran: 10 Follower sehen vielleicht nicht nach viel aus, aber es sind 10 Menschen, die dir zuhören. Würden alle 10 in deinem Atelier stehen, hättest du vielleicht ein bisschen Lampenfieber.

Aus dem Nähkästchen

Wenn ich heute meine ersten Posts ansehe, muss ich schon ein bisschen schmunzeln. Das würde man heute nicht mehr so zeigen wie vor 5 Jahren. Aber hey, wir lernen alle! Geduld haben, dranbleiben, dranbleiben, dranbleiben. Das ist das Geheimnis. Nicht aufgeben. Immer weitermachen.

Und: Buche einen guten Produktfotografie-Kurs, das geht auch wunderbar online. Social Media lebt von schönen, liebevollen Bildern, ohne diese geht es nicht.

Mehr rund um Bilder und Branding gibt's ab Seite 109 und 119.

Die liebe Technik

Manche schrecken wegen „der ganzen Technik" davor zurück, eine geschäftliche Social-Media-Präsenz aufzubauen: Wie kann ich Fotos bearbeiten? Was ist mit der grafischen Gestaltung meiner Beiträge? Wie kann ich meinen Content zeitsparend planen?

Die gute Nachricht ist: Es gibt jede Menge hilfreicher Apps, die deinen Einstieg erleichtern – von Planungstools wie planoly bis hin zu kleinen Grafikprogrammen wie *Canva* und Bearbeitungsprogrammen wie *Lightroom* oder *Snapseed*. Und dazu gibt es wiederum jede Menge Tutorials auf you tube und Social-Media-Accounts, die Social Media erklären. Mit der Zeit wirst du dich hineinfuchsen, das ist alles machbar. Oder du fragst für den Einstieg Menschen aus deinem Umfeld, die sich mit dem Themenfeld bereits auskennen.

Nettiquette

Auch im Netz gibt es, wie überall im Leben, eine gewisse Etikette, die du kennen solltest. Wie du deinen Account führst, ist deine Sache, es ist deine kleine Welt. Grundsätzlich ist aber zu bedenken, dass dein Account vom Interesse und Engagement deiner Follower lebt. Ob du deine Follower duzt, siezt, ob du viel oder wenig Privates zeigst, das entscheidest du.

Wichtige Netzregeln:

- Wenn jemand deine Ideen schön findet und sich die Mühe macht, das zu formulieren, dann schau auf seinem Account vorbei. Wenn dir etwas gefällt, dann hinterlasse auch dort Kommentare.
- Jeder freut sich über ein liebes Wort – und es kostet nichts. Kommentiere oft und großzügig, wenn andere etwas Tolles machen. Das Gute, das du in die Welt hinausschickst, kommt zu dir zurück. Irgendwie.
- Sage niemals etwas Negatives über die Arbeit von anderen. Du kannst immer weiterscrollen und das ignorieren.
- Wenn jemand beispielsweise von dir gefertigten Schmuck trägt und das postet, dann zeigst du (nach Rücksprache) dieses Foto ebenfalls.
- Mache immer auch Werbung für andere … Cafés, die du besuchst, deinen Lieblingshofladen, einen Buchladen, ein Restaurant … Jeder freut sich darüber – und auch das wird irgendwie zu dir zurückkommen.
- Du kannst viel von anderen lernen, ohne ein Copy-Cat zu sein.
- Es gibt viele Accounts, die kostenlos sehr gute Ideen und Tipps veröffentlichen. Teilen, Aufmerksam-Machen, Zeigen – das ist das beste Dankeschön, das du diesen Accounts geben kannst.
- Keine Klag-und-Jammer-Posts! Das heißt nicht, dass man nicht sagen kann, wenn man etwas schwierig findet. Gerade im Corona-Jahr habe ich mich zu einigen Themen kritisch geäußert. Aber ich habe schon des Öfteren wütende Texte gelesen, die den Algorithmus, die allgemeine wirtschaftliche Lage etc. für die eigene Geschäftsmisere verantwortlich machen.
- Folge unbedingt den Großen deiner Branche und auch all denen, deren Arbeit dir wirklich gefällt. Kommentiere und bring dich ein.

Posting-Ideen

Ein veröffentlichter Post wird erst einmal einem Teil deiner Follower angezeigt. Wenn das Programm registriert, dass viele Menschen interagieren, sprich, liken und kommentieren oder bestenfalls speichern, dann stuft es diesen Post als interessant ein und zeigt ihn mehr Leuten. Das Ziel des Algorithmus ist es, die Aufmerksamkeit der Menschen so lange wie möglich zu binden – um möglichst viel Werbung ausspielen zu können. Ganz einfach.

Das bedeutet für dich, wenn dein Post Interesse weckt, dann wird er mehr Leuten angezeigt. Dein virtuelles Schaufenster steht nicht mehr in der Seitengasse, sondern auf den großen Einkaufsstraßen.

Der „böse Algorithmus" ist nichts als eine Rechenformel, die der Plattform zugrunde liegt.

Jetzt lautet die Preisfrage nur, wie du deine Posts so gestaltest, dass sich möglichst viele dafür begeistern.

Beispiel 1: Auf Account A bekommst du permanent Stoffe gezeigt, die im Online-Shop neu erhältlich sind. Du wirst zum Kauf „eingeladen". Es gibt diese und jene Qualitäten – in zigtausend Farben.

Beispiel 2: Account B zeigt ebenfalls seine neuen Stoffe: Liebevoll fotografiert und in Szene gesetzt, sodass allein das Bild dich gedanklich zum Drüberstreicheln einlädt. Dazu bietet B einen tollen Nähtipp für diesen Stoff, ein kleines „Wusstest-Du-Schon" zum Material, dazu noch eine Info über Hersteller oder Herstellungsprozess und Empfehlungen für geeignete Schnittmuster. Letztere kannst du bestenfalls bei Account B kaufen oder du erfährst, wo sie erhältlich sind. Alle Hersteller werden verlinkt.

Keine Frage, welcher Account erfolgreicher sein wird, oder?

Vom Mehrwert und Nutzen

Die allerwichtigste Frage, die du dir beim Formulieren und Vorbereiten deiner Posts stellen solltest: Warum sollte mir jemand folgen? Was habe ich anzubieten? Welchen Nutzen hat jemand, wenn er mir folgt? Was ist der Mehrwert meiner Beiträge? Sobald du diese Frage klar beantworten kannst, weißt du, wie deine Posts künftig aufzubauen sind.

Warum sollte mir jemand folgen? Was habe ich anzubieten?

Beispiel: Du hast eine Bluse genäht, die du zeigen möchtest. Wie kannst du deinen Post aufbauen? Nicht so interessant wird sein: Schaut her, ich habe diese Bluse genäht … Sicherlich spannender ist: Diese Bluse habe ich in Größe M genäht, sie ist mir ein bisschen zu groß, obwohl M meine klassische Größe ist … ich würde sie beim nächsten Mal eine Größe kleiner nähen. Die Ärmel habe ich um 10 cm verlängert, so gefiel es mir besser. Für den Beleg am Hals-Ausschnitt habe ich das Vlies XY benutzt, das fällt sehr schön. Am Saum habe ich die Bluse um 6 cm verlängert, das Ursprungs-Schnittmuster war mir zu kurz. Vom Zuschnitt zur fertigen Bluse hat es 2 Stunden gedauert. Die beiliegende Anleitung war super gut beschrieben. Absolut anfängergeeignet! Wir haben in unserem Online-Shop ein Materialset mit dem Schnittmuster, geeigneten Stoffen und dem passenden Vlies eingestellt, den Link findest du hier …

Dank deiner Informationen können deine Follower eigene Schlüsse ziehen. Das hilft ihnen weiter und macht den Beitrag lohnender.

Was muss ein Post können?

- Was genau willst du mit deinem Post erreichen?
- Welchen Nutzen hat dein Follower davon, wenn er deinen Beitrag liest?
- Sind alle Fragen darin geklärt? Du bewirbst zum Beispiel ein Event: Stehen Ort, Datum und Uhrzeit dabei? Du bewirbst ein Produkt: Wird klar, wo man es kaufen kann?
- Wie kannst du den Post so gestalten, dass deine Follower gut kommentieren können? Gibt es eine sinnvolle Frage dazu?
- Super ist es, wenn dein Post eine Information enthält, die sich deine Follower speichern möchten – das liebt der Algorithmus. Dann weise explizit darauf hin.

Business-Insights

Stelle dich vor, erzähle von dir und von deinem Geschäft – und das gerne immer wieder. Denn du bist das Gesicht deines Business. Du erinnerst dich? Menschen kaufen bei Menschen …

- Wie bist du zu deinem Handwerk gekommen?
  Was ist die Geschichte dahinter?
- Was bietest du genau an? Zeige Bilder des Herstellungsprozesses, der verwendeten Materialien. Woher kommen deine Materialien? Wie werden diese gefertigt? Warum hast du dich für einen bestimmten Hersteller deiner Stifte, Garne, Papiere, Stoffe etc. entschieden? Solange du keine für die Konkurrenz wesentlichen Dinge verrätst, berichte darüber!
- Zeige deinen kreativen Arbeitsplatz. Beliebt sind Videos im Zeitraffer, wenn du etwas anfertigst oder einfach deinen Arbeitsplatz aufräumst.
- Zeige deine liebsten Alltagshelfer in deinem Business. Gerade beim Nähen gibt es viele kleine Werkzeuge, die noch nicht jeder kennt. Hier kommt wieder der Mehrwert für deine Community ins Spiel – bestenfalls kann man das vorgestellte Tool bei dir auch kaufen.
- Wer ist in deinem Team, wer unterstützt dich? Zeige alle, auch wenn das Team aus dir und deiner Katze besteht …
  Aber vielleicht gibt es Freunde, Eltern, Nachbarn, die dir immer wieder unter die Arme greifen? Gib ihnen öffentlich deine Wertschätzung.
- Planst du ein neues Projekt oder Produkt? Zeige die Einzelschritte auf deinem Weg, deine Überlegungen für die Verpackung etc.

Story-Telling

Das Herzstück für einen authentischen Blick hinter die Kulissen deines Business ist das Story-Telling: Lass deine Follower an deiner Geschichte teilhaben! Denn was den Menschen wirklich im Gedächtnis bleibt, sind deine kleinen, alltäglichen Anekdoten und die Geschichte deines Business. Auch hier geht es im Grunde um das WARUM deines Unternehmens. Und auch hier dreht sich wieder alles ums „Gefühl": Wir kaufen dort, wo uns der Account oder Laden ein gutes Gefühl vermitteln. Wir müssen uns verbunden fühlen. Das schafft Vertrauen.

Der Blick hinter die Kulissen ist viel spannender als das reine Produktfoto. Deine Follower möchten den Menschen hinter deinem Account kennenlernen.

Da hilft es beispielsweise zu sehen, dass Profis auch Fehler machen und nicht immer alles glatt läuft. Zeig zum Beispiel ein Werkstück, das du verhunzt hast, eine Idee, die nicht geklappt hat. Zeig dich als Mensch mit Fehlern, Ecken und Kanten. Das heißt nicht, Intimes preiszugeben. Aber vermutlich bist du nicht perfekt – wie wir alle.

Zuallererst musst du dich trauen, sichtbar zu sein. Das fällt nicht allen leicht ... Aber da hilft nichts – ganz ohne wird's nicht gehen. Sichtbar werden heißt auch, sich angreifbar zu machen. Alle können dein Werk kommentieren. Einfach so. Und manchmal merken Menschen nicht, wie verletzend sie sind. Mein Rat: Versuch immer, du selbst zu sein. Mit der Zeit wirst du deine Stimme finden. Wichtig ist auch so zu reden wie im Alltag. Versuch dich nicht zu verstellen. Es geht hier darum, DICH zu zeigen. Denk niemals, du oder deine Gedanken seien nicht interessant.

Bist du eher ein stiller Typ? Dann sprich genau darüber! Du kannst erzählen, wie es sich für dich anfühlt, eine Marke aufzubauen, ohne Markt-Schreierei. Wenn du klar und offen erklärst, was der Gedanke hinter deiner Geschäftsidee ist, dann ist das interessant. Die Menschen werden beginnen, dir zuzuhören und genau zu schauen, was du tust.

Aus dem Nähkästchen

Das Zögern, sich zu zeigen kann ich gut verstehen. Meine Schwierigkeit liegt darin, dass Leute, die mich persönlich kennen, sehen, was ich poste und von mir zeige. Und da kann es passieren, dass ich irritierende oder verletzende Kommentare aus meinem (analogen) Umfeld höre. Allerdings ist es mir in 6 Jahren intensiven Social-Media-Auftritts nur ein einziges Mal passiert, dass unter einem Post ein aus meiner Sicht blöder Kommentar landete, er ging in Richtung Fremdenfeindlichkeit. Nach einigem Hin und Her habe ich diejenige blockiert. Jeder kann sich auf seinem Account äußern, wie er möchte. Aber nicht bei mir – mein Haus, meine Regeln. Doch wie gesagt: Das war EIN Fall auf 6 Jahre …

Sehr lustig fand ich allerdings, als ich ein Foto von meinem Schlafzimmer gepostet habe: Es ging um die Kissen auf dem Bett mit einem Buch und war ein Stimmungsbild. Manche hingegen fanden es viel zu privat. Dabei bin ich mit vielen Interior-Bloggerinnen und Ordnungs-Coaches befreundet, alle zeigen ihr Schlafzimmer im Hinblick auf Dekoration usw. Doch bekam ich da die schrägsten Kommentare, sei es von Kundinnen und Kunden persönlich im Laden – oder mitten im Supermarkt, während ich mich nach den Milchflaschen bückte. Aber ganz ehrlich: Mein Schlafzimmer ist hübsch und zeigenswert. Das ist alles.

Möglichkeiten, deine Follower hinter die Kulissen schauen zu lassen, gibt es jede Menge:

> Mit Story-Telling lädst du deine Follower in deine Welt ein.

- Wenn du einen kleinen oder großen Meilenstein erreicht hast, kannst du das mit allen teilen. Zum Beispiel: Die ersten 100 Follower, YEAH!
- Ein kleiner privater Einblick in dein Zuhause: Zeig dein Haustier, deine Küche, deine Sofakissen …
- Was ist deine heutige To-Do-Liste und was hast du davon schon erledigt?
- Dein Lieblingsrezept in Kombination mit einem deiner Produkte, zum Beispiel ein Foto eines selbst gebackenes Baguettes auf einer selbst genähten Serviette …

- Ein bisschen Slapstick: Einmal saß ich im Laden und habe fluchend etwas aufgetrennt. Eine liebe Kundin kam vorbei und meinte: „Ich bleibe jetzt hier noch ein bisschen stehen und schau dir beim Auftrennen zu. Es ist so schön zu sehen, dass du auch Fehler machst." So ist das. Perfektion ist sehr, sehr langweilig. Ein kurzes Zeitraffer-Video dazu hätte meine Community sicher ziemlich amüsiert.

- Du besuchst heute einen Workshop, eine Messe, einen Großhändler? Nimm deine Follower mit! Berichte von deinen Eindrücken!

Fürs Story-Telling ist das Story-Format auf Instagram und Facebook bestens geeignet. Grundsätzlich war Instagram ja mal geplant, um Schnappschüsse zu zeigen. Mit der Zeit wurden die Feeds aber immer professioneller und hatten mit spontanen Momentaufnahmen nicht mehr viel zu tun. Dann wurden die Stories eingeführt und hier ist der eigentliche Grundgedanke noch wahrnehmbar: Kurze kleine Ausschnitte aus dem wirklichen Leben (na ja, fast ...) Für eine Instagram-Story ist es immer gut, auch einmal ganz spontan in dein Handy zu sprechen.

Tipp: Wenn du eine Instagram-Story veröffentlichst, immer mit der Standortangabe! Das erhöht deine Sichtbarkeit – heißt es.

(Inter-)Aktionen

Durch Gemeinschaftsaktionen baust du eine lebendige Community auf.

Wie schon erwähnt: Die lebendige Interaktion mit deinen Followern ist dein Pfund. Und nichts lieben Follower mehr als Aktionen, an denen sie sich beteiligen können. So werden sie Teil einer echten Community.

Für Interaktion gibt's viele Möglichkeiten, hier ein paar Anregungen:

- Veranstalte ein Gewinnspiel.
- Veranstalte eine kleine oder größere Challenge oder nimm an einer teil.
- Zeige immer deine Dankbarkeit für Interaktion, Bestellungen, Tipps.
- Bitte um Feedback zu deiner Arbeit oder um eine Rezension. Vielen ist nicht klar, wie wichtig und wertvoll das für dich ist.
- Teile das erhaltene Feedback und bedanke dich öffentlich dafür. Das fällt manchmal schwer, weil es nach Eigenlob aussieht, aber ich beispielsweise orientiere mich auch gerne an den Bewertungen anderer. Und wenn du gute Arbeit abgeliefert hast, deine Kundinnen und Kunden das honorieren, dann darfst du diesen Erfolg auch zelebrieren.
- Beziehe deine Follower in Entscheidungen ein: Du bestellst gerade die neuen Farben für den Herbst? Lieber Papaya oder lieber Senfgelb? Was meint deine Community? Dazu kannst du in den Stories den Fragenbutton nutzen!
- Unboxing: Wenn du deine Produkte zum Versand liebevoll verpackst, werden viele deiner Kundinnen und Kunden auf Instagram & Co zeigen, wie sie ihre Bestellung fröhlich auspacken. Eine bessere Werbung kannst du dir nicht wünschen! Je hübscher dein Verpackungsmaterial, je eher du es mit einem kleinen WOW-Effekt versendest, desto wahrscheinlicher, dass jemand so ein Video postet. Das sind kleine Edelsteine, für die du dich unbedingt öffentlich bedanken solltest.
- Wenn ein Thema dich gerade sehr beschäftigt, kannst du ein Instagram- oder Facebook-Live dazu veranstalten. Das lässt sich auch zusammen mit einer Kollegin durchführen und vorher gut bewerben.

Aus dem Nähkästchen

Übrigens: Viele Social-Media-Ratgeber raten dazu, in deinem Post eine Frage zu stellen, um deine Follower zu einem Kommentar bewegen. Aber ich finde inzwischen, dass diese Fragen oft gekünstelt wirken. Wenn du wirklich eine Frage hast, wenn es dich wirklich interessiert, was deine Community denkt, dann frag nach. Aber nicht, wenn du es nur machst, weil du gelesen hast, dass man das machen soll. Grundsätzlich ist es immer der beste Weg, authentisch zu bleiben.

Und: Nicht egoistisch Ich-Ich-Ich, Schaut-wie-toll-ich-bin oder Schaut-was-ich-mir-leisten-kann … Das nervt schnell. Frage deine Follower lieber, was sie über eine Sache denken, wie sie diese Situation gehandhabt hätten. Beziehe die Menschen mit ein. Social Media ist nicht dazu da, der Welt zu zeigen, dass du der dollste Hecht im Karpfenteich bist. Es geht um das MITEINANDER.

Inspirationen

Nicht immer kannst du Posts mit handfesten Tipps und kostenlosem Anleitungscontent veröffentlichen: Auch eingestreute Mood-Posts können einen Nutzen für deine Community haben, da sie inspirieren. Hier ein paar Ideen dazu:

- Tolle Fotos zum Träumen und Abschalten, einfach mal so.
- Erzähle etwas über die Menschen, denen du auf Instagram folgst und was dir bei ihnen so gefällt, was dich dort inspiriert und wo du von ihnen lernen konntest.
- Ein Gedanke, ein Zitat oder ein Spruch, den du teilen möchtest und schön gestaltest.
- Zeige deiner Community ein Buch, das dich gerade inspiriert und erzähle, warum.

Verlinkungen

Wenn du andere Accounts erwähnst, verlinke sie unbedingt! Auf Instagram und Facebook machst du das mit einem @ und dem Accountnamen, in meinem Fall also @naehzimmermitherz. So haben sie die Chance, deinen Post zu sehen und können dich auf ihren Kanälen zeigen. Auch die ganz Großen sind immer auf der Suche nach neuen Inspirationen und guten Bildern, also immer fleißig verlinken!

Keine Angst vor Wiederholungen

Wiederholungen sind auf Social Media kein No-Go, sondern ein Muss! Im Marketing gibt es die Regel, dass ein Mensch siebenmal etwas von deinem Geschäft gehört oder gesehen haben muss, bis er wirklich zu dir kommt und bei dir kauft. Das Gleiche gilt online sicher mindestens genauso. Denn wie schnell gerät ein Post in der Bilderflut, die wir tagtäglich konsumieren, in Vergessenheit? Da hilft nur: Wiederholen, wiederholen, wiederholen ...

Deine Contentplanung

Marketing-Thema für die Woche:

Montag:

Feed: Story:

Dienstag:

Feed: Story:

Mittwoch:

Feed: Story:

Donnerstag:

Feed: Story:

Freitag:

Feed: Story:

Samstag

Feed: Story:

Beispiel „Die Kleiderwoche“:
Montags gibt es einen Feedbeitrag mit einem Schnittmuster für ein Jersey-Kleid. Beschrieben werden die Eigenschaften des Schnitts und ich liefere Tipps für die Verarbeitung von Jerseystoffen. In den Stories zeige ich die Woche über unser Jersey-Sortiment. Darüber hinaus gibt es die Woche über immer wieder praktische Infos zum Umsetzen des Schnitts, zum Beispiel zu elastischen Nähgarnen, die perfekt sind für die Verarbeitung.

Vorbereitung: Aktualisierung des Online-Shops, damit das Sortiment up to date ist. Das Schnittmusterregal ist aufgefüllt und ein Link zum Online-Shop wird auch genannt.

Diesen Plan am besten 14 Tage im Voraus machen, mit Puffern für Unvorhergesehenes.

Was ist ein Launch?

Launch bedeutet Start – gemeint ist der Start eines neuen oder bereits bestehenden Produkts. Jeden Launch solltest du gut planen, um deine Community vorher neugierig zu machen. Gestalte die Zeit vor dem Produktstart so spannend, dass bestenfalls alle schon ungeduldig auf die Novität warten. Dafür brauchst du einen konkreten Fahrplan und eine gute Vorbereitung.

Dein neues Produkt zeigst du nicht einfach mit einem „Tada-hier-ist-es!“. Du kannst den Entwicklungsprozess dokumentieren, die einzelnen Schritte und Abläufe. Spannend ist für deine Community auch, wenn etwas nicht wie geplant läuft … Zeig die tausend Kleinigkeiten, die auf dem Weg schiefgelaufen sind, die Probestücke, die du verhunzt hast, um zu lernen, wie du es im Endergebnis am besten machst. Das ist authentisches Story-Telling.

Stelle vorab Fragen: Was wünschen sich deine Follower? Was interessiert sie? Du kannst sie zu einem gemeinsamen Brainstorming bitten. Das ist so eine wertvolle Hilfe, bedank dich von ganzem Herzen dafür!

Einen Launch kannst du auch mit Produktideen gestalten, die du gar nicht neu entwickeln musst: Du verknüpfst ein bereits fertiges Produkt mit einem Zusatznutzen.

> Bei jedem Launch bist du wahrscheinlich selbst aufgeregt, und fragst dich, wie deine neue Idee ankommt. Teile diese Freude, dieses Kribbeln!

Beispiel: Wenn du ein Taschen-Schnittmuster verkaufst, gibt es bis zu einem bestimmten Termin kostenlos die Erweiterung mit einer Anleitung für eine zusätzliche Innentasche dazu. Du machst deine Kundinnen und Kunden darauf aufmerksam und konzentrierst deine kompletten Marketing-Aktivitäten nur auf diesen Termin. Du könntest vorher auch deine Community fragen, welchen Bonus sie sich wünschen, und verschiedene Angebote zur Auswahl stellen.

Tipp: Veranstalte zu einem Launch auch ein kleines Gewinnspiel, dann macht das Ganze doppelt Spaß!

Übungsaufgabe: deine Instagram-Story

Und nach der ganzen Theorie bist du an der Reihe: Trau dich! Stell dich vor die Kamera und rede einfach los. Löschen kannst du immer noch. Und wenn du das Ganze zwölfmal aufnimmst, dann nimmst du es eben zwölfmal auf. Übung macht den Meister.
Wenn du dir vorher ein paar Notizen machst und deine kurze Rede ein bisschen strukturierst, wird es einfacher. Die Investition in ein Ringlicht ist sicher sinnvoll, denn dann hast du ein Stativ für dein Handy und eine gute Beleuchtung, die macht einen gewaltigen Unterschied. Checke vorher deinen Hintergrund, der im Bild zu sehe ist. Wenn da ein Wäschekorb rumsteht, ist es für mich o.k., aber es sollte für dich auch o.k. sein. Fühl dich wohl, du bist du und versuche nicht, jemand anderes zu sein. Wir wollen alle dich kennenlernen und freuen uns darauf. Viel Glück, du schaffst das!
Wie wäre es denn mit heute? Verlinke mich gerne, ich jubel dir zu, versprochen! Und feiere mit dir deinen Mut.

KAPITEL 7

WARUM BILDER WICHTIG SIND

Ein paar Foto-Basics

Wir leben in einem ausgesprochen visuellen Zeitalter, und deine Bilder sind eine brillante Möglichkeit zu überzeugen. Das Niveau der Fotografie ist im privaten und geschäftlichen Bereich durch Plattformen wie Instagram inzwischen sehr hoch. Von deinem Bild muss eine Faszination ausgehen, es muss die Betrachter fesseln.

Der erste Eindruck, den Menschen von deiner Arbeit gewinnen, läuft oft über ein Bild.

Egal, ob du ein stationäres Geschäft oder einen Online-Handel betreibst: Ohne einen gelungenen Social-Media-Auftritt mit guten Fotos wird es schwer, dich deinen Wunschkundinnen und Wunschkunden von deiner besten Seite zu zeigen. Wenn ich eine lieblose Website oder einen zusammengeschusterten Social-Media-Account sehe, bin ich erst einmal abgeschreckt. Deine Seiten sollen einladen und sind dein Schaufenster. Mit deinen Fotos kannst du deine Kundinnen und Kunden anlächeln!

Im Mai 2019 hatte ich einen Online-Shop eröffnet, der eher nebenher lief. Er funktionierte, aber nicht besonders toll. Das lag hauptsächlich daran, dass ich mich wenig um ihn kümmerte … Damals liefen bei uns in der Woche zwischen 3 und 12 Kursen. Die Logistik war nicht ohne, da blieb für den Online-Shop wenig Zeit. Corona hat das über Nacht, verändert. Der Online-Shop hat uns durch die Pandemiezeit gebracht, uns jede Menge neue Kundinnen und Kunden beschert und neue Arbeitsplätze in meinem Unternehmen geschaffen.

Wenn wir keine überzeugende Medienpräsenz gehabt hätten, dann hätte diesen Online-Shop aller Wahrscheinlichkeit nach kaum jemand gefunden. Du brauchst eine Gemeinschaft, die deinen Stil und deine Produkte schätzt. Und die findest du nur, wenn du sie mit Bildern überzeugst. Nennen wir es ruhig eine kleine Verführung.

Aus dem Nähkästchen

Die Ausrüstung

Gute Handyfotografie ist möglich, für eine ernsthafte Produktfotografie solltest du dir jedoch die Anschaffung einer digitalen Spiegelreflex-Kamera überlegen. Du brauchst keine wahnsinnig teure Kamera, aber eine gute. Und du musst sie vor allem bedienen können. Das Equipment macht nicht den Fotografen, der handwerkliche Teil ist das Entscheidende, nicht die Technik.

Wichtig ist, dass du den manuellen Modus beherrschst. Du solltest etwas vom Zusammenspiel von Blende, Zeit und ISO-Einstellungen verstehen, um den gewünschten Effekt zu erzielen. Dann wirst du mit der Zeit nicht mehr nur zufällig gute Bilder machen, sondern mit Plan. Oft sehen wir das Foto vor unserem geistigen Auge, können die Idee aber technisch nicht umsetzen. Nur im Automatik-Modus zu fotografieren, bringt nicht unbedingt gute Ergebnisse. Du brauchst die Bereitschaft, dich in dieses Thema hineinzuarbeiten, das braucht Zeit, Frustrationstoleranz und Übung. Dazu gibt es einige Tricks und inzwischen auch viele Accounts mit jeder Menge kostenlosem Content. Darüber hinaus gibt es kostenpflichtige Fotokurse – hier lohnt es sich zu investieren.

Aus dem Nähkästchen

Wenn ich heute meine älteren Fotos anschaue, muss ich schmunzeln. An der Stelle habe ich noch einen weiten Weg vor mir, aber ich habe begonnen, mich damit auseinanderzusetzen. Es ist eine Entwicklung, ein Prozess. Doch mit schlechten Bildern kann man keinen Blumentopf gewinnen.

Fotos – die Basics

Je weiter die Blenden geöffnet ist, umso mehr Licht fällt auf das Motiv. Das bedeutet, je kleiner die Blendenzahl, umso größer die Öffnung der Blende, umso heller das Bild.

Je länger die Belichtungszeit ist, umso mehr Licht kann auf dein Bild fallen, aber es kann auch leichter verwackeln. Ab einer Belichtungszeit von 1/50 Sekunde solltest du ein Stativ verwenden.

Die ISO-Zahl hat früher die Lichtempfindlichkeit des eingelegten Filmes angezeigt. Wenn du den ISO-Wert erhöhst, werden deine Bilder heller, aber auch nicht mehr so fein und etwas körniger. Mit der ISO-Zahl kannst du schlechte Lichtverhältnisse ausgleichen, musst aber aufpassen, dass die Schärfe nicht darunter leidet.

Die Bildbearbeitung

Filter sind seit Instagram nicht mehr wegzudenken. Du solltest aber vorsichtig damit umgehen und dein Bild nicht extrem verändern. Darüber hinaus gibt es gute Bildbearbeitungs-Apps wie beispielsweise *Lightroom* oder *Snapseed*. Und dann gibt es noch sogenannte Presets. Das sind Voreinstellungen, die du immer wieder auf Fotos anwenden kannst. Damit erhalten deine Bilder einen einheitlichen Look.

Übrigens: Für den Online-Shop veränderst du die Farben besser nicht massiv. Deine Kundinnen und Kunden sollten eine reelle Vorstellung des Farbtons bekommen – ansonsten ist ein Stapel Retouren vorprogrammiert.

Tipps: Zeitsparend und ökonomisch ist es, wenn du viele Bilder auf einmal planst und durchfotografierst. Fasst du solche Tätigkeiten zusammen, hast du nicht jedes Mal die Zeiten für den Auf- und Abbau deines Foto-Sets, die Dekoration etc.

Denk daran, jeweils Bilder im Hoch- und Querformat für die verschiedenen Plattformen aufzunehmen, unter Umständen musst du das Styling jeweils an das Format anpassen.

Wenn du ein Foto für eine Einladung gestalten möchtest, macht es Sinn, das Foto mit dem Text schon einmal zu skizzieren. Denn du brauchst eine ruhige, freie Fläche für den Text.

Aus dem Nähkästchen

Inzwischen notiere ich mir Ideen, wie ich ein Produkt präsentieren könnte. Ich frage eine Freundin mit einem Schwedenhaus, ob ich dort fotografieren darf, wenn ich einen skandinavisch-hellen Stil zeigen möchte. Ich schleppe genähte Kleidung und Taschen mit in den Urlaub ans Meer. Ich registriere bei einem Spaziergang in der Umgebung eine schöne Holztür in einer tollen Farbe.

Die einheitliche Bildsprache

Wichtig ist, in einer einheitlichen Bildsprache zu bleiben – auch mit unterschiedlichen Herstellern im Sortiment, die verschiedene Stile abdecken. In diesen Fällen hilft ein Moodboard, um nicht zu weit von der eigenen Linie abzuschweifen.

Beispiel: Stell dir vor, die Farbwelt einer Illustratorin bewegt sich in bunten Tönen, besonders mag sie ein kräftiges Grün. Dann ist es vermutlich kein Zufall, dass es viele Fotos vor knallgrünen Hintergründen wie Türen, Toren, Fensterläden oder Containern gibt!

Welchen gemeinsamen Nenner haben deine Bilder, was sind die verbindenden Elemente?

Wie soll's aussehen?

Einmal mehr ermöglicht eine Recherche zu Beginn, dich zu verorten: Schau dir Accounts auf Instagram, Websites, Zeitschriften usw. an. Analysiere die (Produkt-) Bilder, die dir gefallen. Was magst du daran? Versuche, den gemeinsamen Nenner herauszufiltern. Erkennst du wiederkehrende Motive, Farben?

Was ist deine Bildsprache? Was sind deine Farben? Magst du es eher bunt und fröhlich oder ruhig mit Naturtönen? Skandinavisch-frisch-klar-hell oder industrial-schwarz-weiß? Dunkel und geheimnisvoll? Bonbonfarben? Maritim?

Themenwelten schaffen

Oft sind Produktbilder eingebettet in eine bestimmte Themenwelt. Du möchtest eine Strandtasche zeigen? Dann gruppiere um das Produktbild einige Bilder von Meer, Sommer, Sonne, Strand. Oder du möchtest ein Musselintuch in Naturfarben vermarkten? Was hältst du von einer Bildergruppe mit Pferden, Strohballen, Scheune etc.? Klar, das ist aufwendig. Aber es zahlt sich aus. Mit der Zeit beginnst du, in Themen- und Farbwelten zu denken. Schau genau hin!

Das Foto-Styling

Das Verstehen deiner Kamera ist das eine, aber dieses Wissen allein komponiert noch kein Foto. Wie soll das Bild aufgebaut werden? Wie ist der Hintergrund? Wie ist die Bildaufteilung? Wie wird dekoriert?

Der Hintergrund

Der Hintergrund deiner Fotos macht einen Riesen-Unterschied. Hell, dunkel, natürlich, Beton, Holz ... Im Netz gibt es eine Unmenge an Tipps, wie du solche Hintergründe gestalten kannst, das geht prima mit günstigen Materialien aus dem Baumarkt.

Es gibt auch fertige Fotohintergründe zu kaufen, aber ich würde einfach schauen, was deine Umgebung so hergibt ... Einfache Holzbretter, ein alter Tisch, eine hübsche Wandfarbe ... Ich habe beispielsweise im Laden eine Wand mit alten Baustellenbrettern – daran lassen sich auch Stoffe aufhängen, die ganz unterschiedlich wirken.

Mit einem Stoff im Hintergrund wirkt das Motiv etwas weicher und verträumter.

Wenn du im Hintergrund Jute verwendest, wirkt es eher nach Landhaus-Stil.

Mit der alten Holzplatte erhältst du eher einen skandinavischen Touch.

Aus dem Nähkästchen

Als Hintergrund suche ich mir gerne alte Holztüren oder Bruchsteinmauern aus, das passt gut zu meinem Laden in Rheinhessen. Wenn du ein Ladengeschäft hast, ist es sinnvoll, deine Sachen auch im Ladengeschäft zu präsentieren. Dann zeigst du das ganze Ambiente.

Die Dekorationen

Wie sollen deine Produkte passend dekoriert werden? Welches Zubehör soll mit aufs Bild? Dieses Zubehör nennt man Foto-Props, das können hübsche Kleinigkeiten aus deinem Haushalt, aus der Natur oder vom Flohmarkt sein:

- Fotografierst du ein herbstliches Outfit? Dann leg Blätter, Kastanien, ein Holztier, Tannenzapfen, einen Kürbis etc. daneben, am besten in derselben Farbwelt.

- Du möchtest eine getöpferte Tasse mit Teller zeigen? Dann breite schöne Stoffe darunter aus, zum Beispiel ein strukturiertes Leinen, platziere etwas Feines zu Essen dazu ... Gestalte verschiedene Ebenen und bringe so Tiefe ins Bild. Vielleicht hast du noch hübsches Besteck, Servietten, Blümchen ... Gestalte das Bild interessant, mit Eye-Catchern und einer Inspiration, wie die Betrachterinnen das Produkt bei sich in Szene setzen können.

- Du verkaufst handgefertigte Notizbücher? Hier passen hübsches Büromaterial, schöne Stifte, ein Tintenfass, eine alte Zeitungsseite und, und, und ...

Die Bild-Aufteilung

Ein wichtiger Faktor für die Bildaufteilung ist der Goldene Schnitt. Vielleicht kennt du den Begriff noch aus dem Kunstunterricht in der Schule? Ein Foto sieht für uns harmonischer und interessanter aus, wenn der Gegenstand des Interesses nicht genau in der Mitte zu sehen ist. Stell dir über deinem Bild ein Raster vor, ungefähr so:

Dann platzierst du dein Objekt auf einer der gedrittelten Linien.

Das Flatlay

Bei einem Flatlay fotografierst du direkt von oben, diese Art Foto ist besonders auf Instagram populär. Manchmal erzählt das Bild auch eine lustige kleine Geschichte. Wenn du beispielsweise handgemachten Schmuck im Sommer verkaufst, kannst du ein Shirt, Jeans und Schuhe dazu flach ausbreiten, eine Urlaubspostkarte und ein Ticket dazu ... Und schon sieht das Ganze nach Sommer und Urlaub aus. Mit Büchern oder Steinchen erzeugst du unterschiedliche Ebenen. Das gibt dem Bild Tiefe und macht es spannender.

Bist du im Bilde?

Du ahnst es schon: Deine Kundinnen und Kunden möchten sich gerne ein Bild von DIR machen. Deswegen solltest du dich auch online zeigen.

Du bis das Gesicht deines Business, die Seele deiner Außendarstellung.

Die Angst, sich selbst zu zeigen, habe vermutlich nicht nur ich. Ganz oft höre ich Sätze in meinen Business-Coachings wie: „Das interessiert nicht, wie ich aussehe. Es geht ja um das Produkt ...“ Kommt dir das bekannt vor? Aber du weißt: Menschen kaufen bei Menschen ... Ich liebe zum Beispiel skandinavisches Geschirr, und es gibt Dutzende von großen Online-Shops, bei denen ich es kaufen könnte. Doch ich kaufe es immer bei demselben. Denn da gibt es eine zauberhafte Inhaberin, die ihre Produkte in ihrem eigenen Zuhause natürlich präsentiert und Deko-Ideen mitliefert. Also bestelle ich automatisch bei ihr. Warum sollte ich das gleiche Produkt woanders kaufen, wenn ich mich hier so wohlfühle? Und vor allem schätze ich die Verbundenheit. Durch einige Kommentare von mir auf ihrem Instagram-Account hat sich ein netter Kontakt ergeben. Online heißt nicht automatisch unpersönlich.

Und da man sich nicht mit jedem Kunden oder jeder Kundin persönlich treffen kann, macht ein Bild von dir dich einfach vorstellbarer. Du bist die Seele deiner Außendarstellung. Also schau unbedingt, dass du gute Fotos von dir hast und lasse professionelle Bilder machen. Diese Investition wird sich auszahlen.

Fotos für Online-Shop und für Social Media

Online können deine Kundinnen und Kunden die Produkte nicht anfassen und von allen Seiten betrachten. Die Aufgabe deiner Bilder ist also zum Einen, das Produkt zu erklären. Zum Anderen sollen sie Ideen liefern, wie sich dein Produkt verwenden lässt. Und außerdem sollen deine Bilder verführen. Nichts weniger als das.

Immer daran denken: Deine Bilder erzählen eine Geschichte.

Zeige also dein Produkt aus verschiedenen Winkeln und in Funktion: Tasche auf, Tasche zu ... Packe einen Aktenordner hinein, damit die Kunden sehen, dass er in die Tasche passt usw. Daneben brauchst du reine Produktbilder ohne Ablenkung.

Als Inspiration zeigen deine Bilder Ideen, wofür sich dein Produkt alles einsetzen lässt. Hast du ein Täschchen genäht? Dann zeige es in Aktion – mit Stiften, mit Kosmetika, mit Baby-Spielzeug, mit Näh-Utensilien. Klug ist es auch, wenn du mehrere deiner Produkte in einem Foto miteinander kombinierst, beispielsweise das Halstuch samt Kette – und beides gemeinsam anbietest.

Auch die Größenverhältnisse sind manchmal nicht klar ersichtlich. Dann brauchst du Bilder, welche die Größe zeigen. Lege eine Münze, einen Stift oder Ähnliches mit hinein, dann weiß jeder beim Betrachten des Bildes, wie groß das Produkt ist. Sinn macht auch, verschiedene Farbvarianten deiner Produkte zu zeigen.

Fazit: Arbeite für Social Media mit Mood-Bildern, die eher eine Stimmung zeigen und Ideen zur Verwendung deines Produkts geben. Für den Online-Shop arbeitest du mit Detailfotos, um das Produkt be-greifbar zu machen.

KAPITEL 8

BRANDING

Du, dein Branding und dein Warum

Zum Thema Branding könnte man ganze Bibliotheken füllen. Aber es geht auch einfacher: Als ich zu Beginn für eine Zeitschrift eine Anleitung veröffentlichte, kam eine Kundin in den Laden, hatte die Seite mit meinem Nähprojekt aufgeschlagen und meinte: „Ich habe gleich gesehen, dass die Tasche von dir ist!"

„Dein Branding ist das, was die Leute über dich sagen, wenn du nicht im Raum bist." Kitty Fried

Genau darum geht es: In all dem Getöse, dem Grundrauschen, das uns auf Social Media, im Netz und überall umgibt, erkennbar zu sein. Mit einem gelungenen Branding wird deine Marke sichtbar. Du positionierst dich klar und unverwechselbar. Dein Branding ist also einer der wichtigsten Bausteine für deine anhaltende Kundenbindung.

Das Bewusstsein für das Thema ist heute sehr groß – aus gutem Grund! Denn früher gab es nicht zig kleine Handmade-Label, die ihre Arbeit weltweit zeigen konnten. Die digitale Revolution ist der Auslöser dafür, dass wir heute von wo auch immer unsere Produkte präsentieren und überallhin versenden können. Diese Kreativität, die sich hier ihren Weg bahnt, führt dazu, dass Tausende und Abertausende von kreativen Malern/-innen, Nähern/-innen, Strickern/-innen, Färbern/-innen, Illustratoren/-innen, Lederbearbeitern/-innen, Webern/-innen ein Unternehmen aufbauen. Und wenn es so viele Unternehmer/-innen gibt, die sich zeigen, wird es immer wichtiger, dich mit deinem Stil, deiner Ästhetik klar zu behaupten.

Dein Markenkern

Auf der obersten, direkt sichtbaren Ebene geht es bei Branding um gestalterische Aspekte wie Schriften, Farbkonzepte, Bildsprache, dein Logo usw. All dies ist der Ausdruck eines tiefer liegenden Kerns. Denn idealerweise zeigst du mit deinem Branding dein Warum. Branding ist also das Werkzeug, um nach außen zu tragen, was dir selbst wichtig ist. Aber dazu muss dir erst einmal klar sein, was du nach außen tragen möchtest. Und dazu ist der Blick nach innen und die Klarheit darüber, was dich ausmacht, so essentiell.

Das ist manchmal anstrengend und man kann sich fragen, was persönliche Erfahrungen und Befindlichkeiten mit deinem Business zu tun haben. Doch bin ich überzeugt, dass wenn wir offen und authentisch sind, wir unseren Kundinnen und Kunden auf einer anderen Ebene begegnen. Dann finden genau die Menschen zu uns, die ähnlich ticken und mit unserem Flow mitgehen.

Du bist der Kern deiner Marke.

Um zu wissen, wofür du stehst, ist entscheidend, dich selbst immer wieder neu kennenzulernen und zu hinterfragen. Je besser du dich kennst, desto mehr kannst du deine eigenen Überzeugungen und Talente in deine Marke einbringen. Dieser Weg ist meiner Meinung nach einer der elementaren Unterschiede zwischen einem Angestelltenverhältnis und einer selbstständigen Arbeit. Dafür lohnt sich jede Kraftanstrengung, jedes tiefe Tal.

Was soll deine Marke ausdrücken, wofür stehst du?

Nimm dir bitte Zettel, Stift und vor allem Zeit, um folgende Fragen handschriftlich zu beantworten.

- Warum möchtest du dieses Unternehmen gründen/weiterführen?
- Was sind die Werte, für die dein Unternehmen stehen soll?
- Was sind die Gründe, warum Kundinnen und Kunden zu dir kommen? Was ist der Nutzen, der Benefit für sie?
- Was möchtest du, dass deine Kundinnen und Kunden über dein Business sagen, wenn du nicht in Hörweite bist?
- Mit welchen Worten kannst du deine Marke beschreiben?
- Was sind deine größten Talente?
- Was kannst du nicht so gut?
- Wie würden dich enge Vertraute beschreiben? Und welcher Teil davon deckt sich mit deinem Selbstbild, welcher Teil nicht?
- Wenn du diese Fragen für dich beantwortet hast, kann es an die detailliertere Planung gehen.

Mir als BWLerin war zu Beginn die Wichtigkeit von Branding überhaupt nicht klar. Ich suchte gute Lieferanten, wurschtelte mich durch den bürokratischen Dschungel und versuchte, mein Business an den Start zu bekommen. Klar, ich zeigte meine Arbeiten und Bilder aus Kursen auf Social Media. Doch habe ich mir zu wenig Gedanken um das größere, das ganze Bild gemacht. Kein Foto war geplant, ich habe halt drauflos geknipst und dann einen Filter darübergelegt, der ganz gut aussah, irgendwie.

Erst mit der Zeit wuchs das Bewusstsein dafür, wie wichtig es ist, das Unternehmen in seiner Gesamtheit und meine Persönlichkeit als entscheidenden Faktor im Außenauftritt zu zeigen. Ich hielt das erst für ein bisschen selbstverliebt und angeberisch. Aber mit der Zeit wurde mir klar, dass Menschen von Menschen kaufen, dieser Satz hat mich sehr geprägt.

Ein Teil von mir wollte dieses Sich-Zeigen auch nicht wirklich. Es ist nicht leicht, ein Stück der Persönlichkeit nach außen zu tragen. Lieber hätte ich nur das Geschäft und die Produkte in den Vordergrund gestellt. Im Laufe der Zeit wurde mir aber immer klarer, dass ich als Näh-Lehrerin, Unternehmerin und Inhaberin die Seele meines Geschäfts bin. Und auch wenn ich das niemals beabsichtigt habe, so ist mir doch über die Jahre bewusst geworden, dass wir als kreative Unternehmer/-innen auch Vorbilder sind: Dafür, sich etwas zu trauen, den eigenen Weg zu gehen, abseits der ausgetretenen Pfade zu leben.

Aus dem Nähkästchen

Branding im Wandel

> *„Wherever you are, be the soul of that place."* Rumi

Du bist der Kern deiner Marke. Deine Vorstellungen, deine Ideen, dein Stil. Dein Bild von einem Business, deine Werte. In deinem Kosmos entscheidest du – und deine Persönlichkeit ist in all deinem Tun und Wirken zu erkennen.

Deswegen ist es in jeder Phase deines unternehmerischen Lebens eine gute Idee, dir über Branding Gedanken zu machen. Denn deine Ausrichtung wird sich immer wieder ändern, es werden sich neue Schwerpunkte auftun. Dementsprechend wird sich dein Branding anpassen.

Dadurch, dass du Menschen an deinem Weg, deiner Geschichte teilhaben lässt, sind sie mit dir verbunden. Sie warten schon gespannt auf dein nächstes Projekt und freuen sich darauf, von dir zu hören. Du bist dann nicht irgendeine Etsy-Shop-Betreiberin. Wenn der nächste Geburtstag ansteht oder jemand darüber nachdenkt, was als nächstes Kreativ-Projekt in Frage kommt, dann schauen sie erst einmal bei dir. Das ist Kundenbindung – und es macht riesigen Spaß, mit solchen Kundinnen und Kunden zusammenzuarbeiten. Dazu musst du nicht laut und marktschreierisch, aber authentisch sein und kontinuierlich an deinem Außenauftritt arbeiten. Bist du eher ein zurückhaltender, leiser Typ, dann steh dazu und formuliere das. Viele werden das verstehen – und sogar sympathisch finden.

Manchmal verändern sich deine Themen durch eine neue Erkenntnis. Du spürst, dass sich ein neues Feld auftut, sich neue Wege zeigen ... Ich beispielsweise habe als kleines Workshop-Atelier in einer 20 qm-Einliegerwohnung gestartet, vorher noch mit einer Klapper-Näh-Maschine am Küchentisch. Ganz aktuell stehe ich vor der Frage, ob ich meinen Fokus mehr auf das Schreiben, Bloggen, den Online-Shop, den Laden oder auf ein Coaching-Konzept legen soll ... Das hat sich so auf der Reise ergeben.

Die innere Guideline

In schwierigen Momenten, wenn alles beschwerlich ist, wenn irgendetwas schiefgelaufen ist, wenn sich gerade so gar keine Türen öffnen, dann brauchst du dein Warum als innere Referenz. Denn wenn du aus einer Überzeugung heraus arbeitest, findest du auch in einem Verdammt-das-ging-schief-Moment die Kraft, weiterzumachen und dich von einem Rückschlag nicht ausbremsen zu lassen.

Dazu musst du dir über dein Branding im Klaren sein. Dein Branding ist deine innere Guideline, an der du dich immer orientieren kannst. Und wenn du nach einer Durststrecke klarer als vorher weißt, wohin du möchtest, dann weißt du hinterher auch, wofür du dieses Tal durchlaufen musstest.

Auch ich bin aktuell in einer Phase, in der ich meinen Marken-Auftritt klarer ausrichten möchte. Bei alledem, was ich hier anreiße, weiß ich, dass meine Fotografie-Arbeit und ein klares Branding nicht mein Ist-Zustand sind, sondern das Ziel. Doch das ist ein Prozess und braucht Zeit. Meine Stärke ist nicht Grafik, auch Fotografieren werde ich weiter üben müssen. Aber ich sehe heute Dinge besser als letztes Jahr und nächstes Jahr werde ich wieder einen Schritt weiter sein. Das Ziel ist nicht Perfektion, sondern Klarheit.

In den letzten Jahren habe ich einen größeren Betrag in meine Fortbildung und in meine persönliche Weiterentwicklung investiert. Nur wenn ich weiß, was mir selbst wichtig ist und was mich ausmacht, kann ich das nach außen tragen.

Aus dem Nähkästchen

Dein Gestaltungskonzept

Trau dich, mit deiner Marke du selbst zu sein, dich zu zeigen. Du hast viele Talente – und die Welt ist ein Stückchen ärmer, wenn du sie nicht teilst.

Bilder, Schriften, Farben ... Das alles wird dich zeigen: deine Persönlichkeit, deine Vorlieben, deinen Stil. Dein Logo, deine Website, dein Social-Media-Auftritt, deine Produktbilder sind deine Visitenkarte und die visuelle Verpackung für dein Warum.

Bevor du mit deinem Gestaltungskonzept loslegst, lohnt es sich, Zeitschriften, Websites oder Instagram-Profile zu analysieren. Was gefällt dir, was lässt dein Herz beim Betrachten vor Freude hüpfen? Gestalte dein Moodboard – bei diesem Prozess wird dir immer klarer, wie dein Business aussehen soll.

Ein bisschen Farbpsychologie

Farben wirken auf unser Unterbewusstsein und rufen eine bestimmte Stimmung hervor. Du kennst das, wenn du einen Raum betrittst, der in einer bestimmten Farbe gestrichen ist. Deshalb sollten deine Farben zu deinem Thema passen.

Weiß: klar, frisch, hell, clean
Gelb: fröhlich, sonnig
Orange: auffällig, lebensfroh, optimistisch
Rosa: verspielt, zart, romantisch
Rot: anfeuernd, leuchtend, laut, lebendig
Blau: kühl, maritim, beruhigend
Grün: natürlich
Schwarz: elegant, geheimnisvoll
Grau: modern, kühl, sachlich

Fragen, um deinem Gestaltungskonzept eine Richtung zu geben

Mit welchen Adjektiven würdest du deine Marke beschreiben?
Klar, frisch, verspielt, lustig, bunt, fröhlich, edel, warm, kühl, grafisch, freundlich, offen, romantisch, spontan, einladend, positiv, persönlich, optimistisch, lebendig, ruhig, knallig, zart, herzlich, organisiert, Vintage, modern, clean, erdig, luxuriös, schlicht

Oder: ___

Welcher Stil soll deine Fotos prägen?

Skandinavisch-nordisch-hell-klar
Moody-geheimnisvoll-dunkel-luxuriös
Sommerlich-frisch-knallbunt-lustig
Zart-blumig-romantisch-verspielt

Oder: ___

Welche Farben passen zu deiner Idee?

___

Welche Schriften magst du?
Verspielt, sachlich, klassisch, zierlich, nüchtern, fröhlich, auffällig, zurückhaltend, modern, retro

Oder: ___

Expertise und Beratung

Wiederholung (auf verschiedenen Ebenen und gern in Varianten) ist ein wichtiger Aspekt für deine Wiedererkennbarkeit. Alles eine Frage der richtigen Dosis …

Wenn du selbst kein Gestalter, keine Gestalterin bis, macht eine professionelle Beratung viel Sinn. Sicher ist das eine Investition, aber sie lohnt sich, um dein Business so zu zeigen, wie es gesehen werden soll.

Wichtig ist, dich auf das Erstgespräch gut vorzubereiten und vorher zu klären, wie du deine Vorstellungen transportieren möchtest. Bleibst du gleichzeitig offen für die Vorschläge deines Gegenübers, kann sich viel entwickeln. Gute Gestalterinnen und Gestalter führen vor einem gemeinsamen Projekt ein Vorgespräch und/oder haben einen Fragebogen für dich.

Der Blick von außen ist unendlich wertvoll, vor allem, wenn du dich schon länger mit deiner Marke beschäftigst. Abgesehen von einer professionellen Beratung kannst du auch deine Freunde und Freundinnen fragen, ob sie dich in deinem Außenauftritt wiedererkennen.

Und: Keine Angst, wir alle lernen on-the-go … Es macht Sinn, diesen Prozess liebevoll zu begleiten und dir auch Fehler zu erlauben. Wir operieren hier nicht am offenen Herzen, wir planen ein Farbkonzept. Da sind kleine Schnitzer nicht so schlimm und auch wieder veränderbar.

Tipp: Coole Möglichkeiten für Nichtgrafiker/-innen, Texte und kleine Grafiken zu gestalten, bieten diverse Apps. Mit ihnen kannst du Bilder, Zitate usw. in vorgefertigte Grafiken einbinden. Auch dies muss man erst üben, aber wenn du deine Farben und Schriften festgelegt hast, verleiht das deinem Auftritt ein einheitliches Erscheinungsbild.

In einem Gespräch mit Kitty Fried, Fotografin dieses Buches und Branding-Expertin, kamen wir darauf, dass viele Kreative zuerst über Bildsprache und Produkte nachdenken und zu wenig über den betriebswirtschaftlichen Teil. Das finde ich interessant, denn ich gehe hingegen immer zuerst an die Zahlen. Dazu meinte Kitty nur lässig: Personal Branding sei ja genau der Grund, dass überhaupt jemand Lust hätte, in den Laden zu kommen, um etwas zu kaufen. Sonst kommt da nämlich niemand – und die ganze Rechnerei war umsonst. Touché. Da hatte sie mich.

In der Welt der harten Zahlen gilt Marketing, Grafik und der Themenkomplex Branding oft zu Unrecht als Nice-To-Have. Aber ohne das geht nichts. Und deine Kundinnen und Kunden werden nur zu dir kommen, wenn du sie für deine Welt und deine Arbeit zu begeistern schaffst. Ansonsten tut es nämlich auch das Shirt von der Stange – hält auch warm.

Branding steht also gleichauf mit Zahlen-Akrobatik – und du solltest es definitiv von Beginn an in deine Überlegungen mit einbeziehen. Als Priorität, nicht als Option.

Aus dem Nähkästchen

Gutschein: die Anleitung

Verpackung ist ein elementarer Teil deines Brandings. Im *Nähzimmer* verpacken wir unsere Gutscheine in einer Tüte aus recyceltem Papier, das Sichtfenster ist aus einem Material, das komplett kompostierbar ist.

Dazu kommt ein kleines Stück Tortenspitze und ein Anhänger aus Kraftpapier mit einem passenden Stempel, je nach Wunsch mit neutralem Motiv, als Geburtstags-Stempel oder weihnachtlich.

Die Papiertüte sieht hübsch aus und kann prima weiterverwendet oder kompostiert werden. Das Ganze wird von einer schlichten Holzklammer zusammengehalten. So entsteht praktisch kein Verpackungsmüll – und das stärkt unser Markenbild.

KAPITEL 9

MOTIVATION UND KRISENMANAGEMENT

Krise als Chance

Die Frage ist nicht, ob du in eine Krise schlidderst. Die Frage ist nur wann. Und auch diese Frage ist letztlich nicht relevant. Denn kein Leben ist perfekt: Uns allen geht es manchmal nicht gut. Ausnahmslos. Wer dir erzählt – und auf Social Media tun das viele – es habe immer alles reibungslos geklappt, beruflich wie privat, der bleibt vermutlich nicht so ganz bei der Wahrheit. Die Ehe ist traumhaft, das Haus wunderschön, die Kinder sind einfach nur zauberhaft ... Und unter dem Hashtag #fürmehrrealitätaufinstagram entdeckst du ein Foto des knuffig missglückten Kuchens einer Neunjährigen mit einem im Hintergrund zufällig platzierten Wäscheständer samt dreier ins Farbkonzept passenden oberniedlichen Kindershirts ... Ach, so ein Chaos!

Dir muss klar sein, dass Krisen kommen werden. Schwierigkeiten. Klippen.

Aber Spaß beiseite: Tief drinnen weißt du, dass kein Leben perfekt ist und dass jeder vor seinen eigenen Herausforderungen steht. Klar, wir haben unterschiedliche Belastungslevel. Das ist individuell und die gefühlte Belastung eines Menschen lässt sich nicht objektiv messen. Aber eine Krise, eine Schwierigkeit ist immer dein Lehrer. Wenn du eine Hürde so betrachtest, nimmst du ihr den Schrecken. Du wirst nicht auf ewig handlungsunfähig bleiben. Für einen Moment, einen Tag oder auch länger ... Kein Problem. Was immer dir hilft: ab unter die Bettdecke, Eiscreme, schlechte Netflix-Formate oder Endlos-Telefonate ... Mach das. Aber nicht für immer. Du musst nicht länger in dieser Situation ausharren, als gut für dich ist. Wenn du den Impuls verspürst, aufzustehen und etwas zu verändern, und sei er noch so zögerlich, dann los! Nicht aufschieben, Schultern straffen, tief durchatmen und ran! Wenn das gerade gar nicht geht, helfen ein Coaching oder therapeutische Unterstützung.

Aus Krisen entsteht oft Neues, weil wir gezwungen werden, unsere bisherigen (Geschäfts-)Ideen auf den Prüfstand zu stellen. Und so werden wir Schritt für Schritt immer besser. Jede überwundene Krise kann dir die Sicherheit geben, dass du etwas schaffst. Und wenn du etwas geschafft hast, dann schaffst du auch das Nächste. Ohne Krisen werden wir nicht wachsen, uns nicht verändern. Wir bleiben in unserem Wohlfühlbereich – und das ist kein Zustand, in dem sich Neues entwickelt.

„Ein Schiff im Hafen ist sicher, doch dafür werden Schiffe nicht gebaut.“
John A. Shedd

Die Welt hat sich noch nie so schnell verändert wie in den letzten 20 Jahren. Wir leben mitten in der digitalen Revolution. Dazu stehen wir weltweit vor neuen Herausforderungen. Aber wir werden einen Weg finden, denn wir sind Unternehmer/-innen. Wir sind Menschen, die etwas unternehmen.

Natürlich brauchst du einen Plan. Und natürlich muss der Plan auch ein Worst-Case-Szenario beinhalten. Doch macht es wenig Sinn, sich ewig den Kopf über das Allerschlimmste zu zerbrechen. Es einmal durchdenken – o.k.! Doch das Unerwartete ist oft das Wahrscheinliche, also lohnt es nicht, sich alle möglichen Schreckensszenarien immer wieder auszumalen.

Die gute Nachricht? Flauten sind die perfekte Zeit fürs Marketing! Wir beklagen oft, dass das operative Geschäft uns keine Zeit für strategische Arbeiten lässt. Wenn das operative Geschäft also stagniert, hilft es nicht, mit den Zähnen zu klappern. Denn da ist er endlich, der Freiraum, den du dir gewünscht hast, um dein Projekt auf die Beine zu stellen! Starte mit dem E-Book, überarbeite die Website, schreibe Blogbeiträge auf Vorrat ...

Zu Beginn der Corona Pandemie im März 2020 hatte ich einen wirklichen Schock. Ich schloss meinen Laden für den Lockdown ab und setzte mich wie betäubt auf meine Couch. Ich erfasste die Dimension noch nicht, meine Vorstellungskraft reichte nicht dafür aus, wie es weitergehen sollte. Ich saß auf dem Sofa und war handlungsunfähig. Drei Tage lang. Ich hatte meinen Laden schließen müssen und draußen war ein Virus unterwegs, den ich noch so gar nicht einschätzen konnte, wie wir alle. Hätte mir irgendjemand in einer Glaskugel gezeigt, wie lang uns dieses Thema begleiten würde, ich wäre verzweifelt. Ich fühlte mich fremdgesteuert, hatte keinen Einfluss darauf – und das ist schwer zu ertragen. Dazu Ängste und Sorgen. Das Umdrehen des Ladenschlüssels hat mich wirklich erschüttert. Und nun? Drei Tage schleppte ich mich von der Couch ins Bett und vom Bett auf die Couch.

Als ich davon einer Nachbarin erzählte, meinte sie: „Dunja, das dauert so lange, wie es dauert. Nimm dir die Zeit. Und wenn es zwei Wochen dauert. Irgendwann wirst du weitermachen können, aber eben jetzt gerade nicht. Du wirst wissen, wann du so weit bist.“ Am nächsten Morgen rief meine Mitarbeiterin an und meinte; „Wir müssen den Online-Shop auffüllen und aktualisieren. Am besten machst du später ein paar Instagram-Stories aus dem Laden und zeigst die neuen Stoffe. Ich bereite das vor und gehe morgen in den Laden zum Packen, o.k.?“ Da spürte ich es. Allein hätte ich es nicht so schnell geschafft, aber dazu sind Freunde und unser persönliches Support-Team da. Hilfe geben ist oft leichter als Hilfe annehmen, aber mit meinen Mitmenschen im Rücken konnte ich aufstehen und weitermachen. Und heute spüre ich, dass mich dieses verrückte Jahr 2020 stärker und krisenfester gemacht hat.

Aus dem Nähkästchen

Die liebe Konkurrenz

> *„We rise by lifting others."*
> Robert Ingersoll

Als ich mein Geschäft eröffnete, gab es in meiner Umgebung praktisch keine Stoffgeschäfte. Speziell hier in Mainz existierten nur Läden mit Fastnachtsstoffen, daneben ein Laden mit einem völlig anderen Stil. Ich wusste, mit meiner Idee geht mein Business in eine andere Richtung.

Da ich mit dem Gedanken anscheinend nicht allein war, haben innerhalb weniger Wochen (!) mehrere (!) Stoffgeschäfte im Umkreis von 5 (!) Kilometern eröffnet. Und als ich 2015 begann, meine Ideen, Kursangebote usw. im Internet zu zeigen, gab es plötzlich genau dieselben Kurse, Nähideen, Stoffe in neu gegründeten Geschäften. Ich konnte damit gar nicht umgehen und war extrem frustriert. So kam ich an den Punkt, nichts mehr posten zu wollen, damit diese Idee nicht auch „nachgearbeitet" wird.

Doch an dieser Stelle wird es sinnlos. Denn wenn ich keine Werbung mehr mache, geht's bald bergab mit meinem Geschäft. Wir brauchen also einen anderen Weg, der uns im Umgang mit Konkurrenz weder blockiert noch wütend macht.

Das könnte helfen:

- Verbinde dich eng mit Gründern/-innen, die du magst. Bei denen du dich nicht ausgenutzt fühlst. Verbinde dich mit Menschen, die dir auf Augenhöhe begegnen.

- Wenn wir andere unterstützen, kommt das auf die ein oder andere Weise zu uns zurück. Und damit meine ich nicht Folgst-du-mir-folg-ich-dir-Social-Media-Spielchen, sondern ehrliche und offene Anteilnahme bei deinen Lieblingskolleginnen und Kollegen. Wir alle freuen uns über ein liebes Wort, einen Kommentar. Also verteile deine Komplimente großzügig und ehrlich. Freude zu verbreiten, tut gut. Und erwarte nichts zurück.

- Sprich dich vor Veröffentlichungen – falls notwendig – gut ab. Ich veröffentliche beispielsweise gerne kostenlose Anleitungen für meine Kundinnen und Kunden. Es macht mir Freude, sie in meine Welt einzuladen, meine Ideen mit ihnen zu teilen. Wenn ich mich dabei von anderen inspirieren lasse, dann nenne ich immer die Quelle. Vorher greife ich zum Handy und kläre die Angelegenheit mit der Urheberin oder dem Urheber. Und ich habe noch nicht erlebt, dass jemand Nein gesagt hat. Schließlich haben wir alle das Rad nicht neu erfunden, aber es ist ein Gebot der Fairness und ein Garant für ein schönes Miteinander, offen darüber zu sprechen.

- Nimm deine Copy-Cats als Kompliment. Da beobachtet jemand offensichtlich sehr genau, was du tust. Und findet es hinreichend gut, es ebenfalls umzusetzen.

- Du bist einzigartig. Kolleginnen oder Kollegen, die oft bei dir kopieren, sind offensichtlich unsicher oder auch unkreativer als du. Auf lange Sicht werden sie so keinen Erfolg haben.

- Wenn du eine Idee zeigst, gehört sie dir nicht mehr (wirklich). Das muss dir klar sein. Dann überrascht dich die Ideenklauerei nicht mehr. Ich bin inzwischen eher verdutzt, wenn eine Idee nicht gekapert wird.

- Du bist nicht verpflichtet, in einem Online-Shop deine Lieferanten zu nennen. Mach es deinen Copy-Cats nicht zu leicht.

- Wenn es zu dreist wird, kannst du einen Anwalt hinzuzuziehen. In einem Fall habe ich dies angekündigt. Daraufhin wurde der entsprechende Text aus dem Netz genommen.

- Sich über unfaires Geschäftsgebaren aufzuregen, ist vergeudete Energie. Verwende deine Kraft für deine Projekte und verbringe deine Zeit nicht damit, dich über die Konkurrenz zu ärgern. Das macht nur schlechte Stimmung, ohne etwas ändern zu können.

- Mach dir bewusst, dass du auf Social Media nur einen kleinen Ausschnitt aus dem Leben der anderen siehst. Du kennst nie das ganze Bild. Konzentriere dich auf deine Arbeit, deine Ideen, deine Projekte. Blockiere oder entfolge Menschen, die dir nicht guttun. Neid ist an sich nichts Schlechtes, wir sollten nur die richtigen Schlüsse aus dieser Emotion ziehen und versuchen, selbst immer ein bisschen besser zu werden.

Motivation und die notwendigen Zeitfenster

Bereits vor Beginn deiner Selbstständigkeit gibt es einen Alltag, den du lebst. Du hast Verpflichtungen, Termine – all die kleinen Alltagsniedlichkeiten, die so gar nicht fancy sind, aber gemacht werden müssen.

Die entscheidende Frage ist, wie viel Zeit du deinem Geschäft einräumst. Entscheidend ist aber auch, wie viel Zeit du DIR einräumst. Gerade innerhalb des eigenen Business ist es so unschlagbar wichtig, dass du dir Spielzeit gibst. Zeit, die du nicht mit Steuern, PC-Arbeit, der Produkterstellung oder der Shop-Pflege verbringst.

Du bist dein größtes Kapital.

Du brauchst Zeit, in der du atmest, meditierst, brainstormst, träumst, dein Vision-Board bestückst, eine neue Technik ausprobierst, die vielleicht gar nichts mit deiner Arbeit zu tun hat. Einfach, weil es spannend ist. Das bringt dich ziemlich sicher auf Ideen für dein eigentliches Geschäft. Es ist aber nicht der Zweck ...

Raum für dich

Du bist wichtig. Dein Geschäft bist du. Du entscheidest. Die Balance zwischen Zeit für andere, Zeit für dich und Zeit für dein Geschäft zu finden, das ist echte Königsklasse.

Schaffe dir Raum. Zeitlich, energetisch – und ganz real. Wenn du das nicht tust, legst du dir selbst Steine in den Weg. Schaffe dir ein Arbeitsumfeld, in dem du deine Materialien übersichtlich sortierst und direkt starten kannst, jederzeit. Mach dir diesen Raum, diese kleine Ecke zu eigen. In diesem Raum solltest du dich wohlfühlen. Nimm den schönen

Notizblock nicht für irgendwann, sondern für jetzt. Wenn die Arbeitsplatte deines Tisches nicht mehr schön ist, tacker ein schönes Wachstuch darauf fest. Bau dir eine kleine Ecke für dein Vision-Board. Häng deine Arbeitsmaterialien übersichtlich an ein hübsches Lochbrett ... Kurzum: Mach es dir hübsch.

Wenn du dir im wahrsten Sinne des Wortes keinen Platz schaffst, zeigt das den Wert, den du dir und deinem Unternehmen zubilligst. Wenn du mit schlechten Materialien in der hintersten, dunklen Ecke wurschtelst, abends, zu einem Zeitpunkt, an dem du eigentlich schon viel zu müde bist, dann ist das letztlich Selbst-Sabotage.

Suche dir deine Zeit, deinen Raum und bewahre dir über den Tag die Energie, damit du allen Anforderungen gerecht wirst. Du bist dein größtes Kapital, also achte gut auf dich. Für dich selbst gut zu sorgen ist kein Egoismus, sondern eine Notwendigkeit. Es ist die Geschichte aus dem Flugzeug: Nur wenn du in einer Notsituation erst dir selbst die Sauerstoffmaske überziehst, kannst du dem anderen helfen. Sei dir ein guter Freund, eine gute Freundin und nimm deine Bedürfnisse ernst.

Aus dem Nähkästchen

Im Laufe meiner Selbstständigkeit habe ich oft gehadert, ob ich meinen Kindern gerecht werde, von der Beziehung zu meinem Mann ganz zu schweigen. Die Kinder sind nur einmal klein, und diese Zeit ist wertvoll. Aber ich glaube, wenn ich mir das heute anschaue, dass es gut für meine Kinder war zu sehen, dass ich mir aus dem Nichts etwas aufbaue. Dass das möglich ist. Für meine Töchter möchte ich das Vorbild einer Frau sein, die sich den notwendigen Raum für sich nimmt.

Deine Motivation resultiert aus deinem Warum. Um dieses Pflänzchen wachsen zu lassen, musst du gut dafür sorgen. Und für dich selbst sowieso. Wir sind oft so hart zu uns selbst und treiben uns so gnadenlos an, das wurden wir nie von einem anderen Menschen verlangen.

Achte darauf, wie du mit dir redest. Schau, dass du den Tag über genug trinkst und Pausen einplanst – sowohl kleine Pausen während einer Arbeitseinheit als auch längere Pausen nach großen Projekten. Sei nett zu dir und geh freundlich mit dir um.

Mehr zu Arbeitsorganisation und Zeitmanagement findest du ab Seite 137.

KAPITEL 10

REFLEXION UND SELBSTORGANISATION

Reflexion

Wenn du selbstständig bist, hast du eine Idee, wie dein Unternehmen aussehen soll. Doch bei vielen Fragen musst du Entscheidungen treffen, mit denen du Neuland betrittst. Für dein Unternehmen gibt es keine externen Vorgaben, dein Kompass bist du. Du trägst die Konsequenzen – finanziell, emotional und auch in der Öffentlichkeit.

Es macht Sinn, Projekte im Nachhinein zu betrachten und das Muster zu erkennen, wie du an Aufgaben herangehst.

Deine Selbstständigkeit hat den großen Vorteil, nicht in Richtungen gehen zu müssen, die du nicht magst. Dank der Entscheidungsfreiheit kannst du freier atmen. Und mit der Freiheit wächst deine Verantwortung. Das Spannende daran ist, dass du gleichzeitig persönlich wächst.

Genau deshalb ist die Reflexion deiner Entscheidungen so wichtig. Damit du aus allem lernst. Damit du das nächste Mal eine noch klügere Entscheidung triffst.

Feedback-Runde mit dir selbst

Wenn du ein Projekt abschließt, kannst du notieren, was gut lief und was nicht. Inmitten eines Projekts merkst du, was du besser in Vorarbeit schon erledigt hättest. Doch in einem halben Jahr erinnerst du dich vermutlich nicht mehr daran. Welche Zwischenschritte würden helfen? Und wie sieht es mit deiner Zeiteinteilung aus? Planst du ausreichend Puffer ein, oder sind Zeitreserven bei dir eher Mangelware?

Für deine Rückschau kannst du ein Notizheft oder elektronische Tools verwenden. Wichtig ist nur, dass du dir wirklich Zeit dafür nimmst. Denn oft stürzen wir uns nach Abschluss eines Projekts direkt ins nächste Thema und vernachlässigen die kleine Feedback-Runde mit uns selbst.

Reflexion heißt aber nicht, sich für seine Fehler übermäßig zu kritisieren. Nimm wahr, was du beim nächsten Mal anders machen möchtest. Schreibe es auf. Verwende dabei keine rückwärtsgewandten Formulierungen wie „Ich hätte besser …“, sondern notiere Gedankenstützen für die Zukunft, so beispielsweise „Beim nächsten Projekt werde ich darauf achten, dass …“

Als ich ernsthaft angefangen habe, mir meine Arbeitsweise anzuschauen, wurde mir klar, dass ich immer zu wenig Zeit einplane. Es hat lange gebraucht, bis ich verstanden habe, dass ich unbedingt Zeitpuffer einplanen muss. Zu schnell springe ich kopfüber in Projekte und denke, dass alles flott erledigt ist. Dabei unterschätze ich oft die Teilaspekte. Und ich überschätze gerne meine zeitlichen Ressourcen.

*Übrigens: Aktuell sind elektronische Planungstools wie **Notion** oder **Trello** hoch im Kurs, beide habe ich getestet, bin in dieser Hinsicht jedoch eindeutig „Typ Notizbuch". Aber probiere es aus: Vielleicht sind digitale Apps für dich ein Gewinn?*

Aus dem Nähkästchen

Selbstorganisation

Einiges im Unternehmer-Dasein hast du in deiner Hand, manches eher nicht. Doch in jedem Falle kannst du bestimmen, wie du dich organisierst, wie du deinen Tag, deine Woche strukturierst.

Dein Energie-Haushalt

Für eine funktionierende Selbstorganisation ist es wichtig, nicht nur deine Zeit zu planen, sondern auch über deine Energie nachzudenken. Was ist deine beste Arbeitszeit? Bist du ein early bird oder kannst du abends am besten arbeiten? Denn es hilft nichts, sich zwei Stunden Arbeit in den Terminkalender zu schreiben, wenn du um die Uhrzeit müde sein wirst.

Selbstfürsorge ist kein Luxus, sondern die Basis.

Bewahre dir deine Energie über den Tag, die Woche, das Jahr. Mach kleine und große Pausen: Eine kurze Atemübung, ein kleiner Spaziergang an der frischen Luft, ein Kaffee oder ein Tee ... Es klingt so banal, aber alles ist besser, als stumpf durchs Handy zu scrollen oder müde weiterzuschuften.

Oft verbrauchen wir unsere Energie nicht beim Arbeiten, sondern wenn wir uns darüber ärgern, was wir heute alles wieder nicht geschafft haben. Am besten entscheidest du, ob du eine bestimmte Aufgabe jetzt machst oder nicht. Bleib dabei, dann brauchst du dich nachher nicht darüber ärgern.

Lange dachte ich, eine waschechte Nachteule zu sein. Durch dieses Buchprojekt habe ich jedoch gelernt, dass ich früh aufstehen und morgens gut arbeiten kann. So schwingt schon früh am Tag das Gefühl mit, etwas Wichtiges bereits erledigt zu haben. Das gibt mir viel Energie, es fühlt sich gut an. Vielleicht habe ich es all die Jahre nur nie wirklich probiert, morgens zu arbeiten. Mein Selbstbild hat sich dadurch verändert und ich gehe mit mehr Energie durch den Tag.

Aus dem Nähkästchen

Über die Wichtigkeit von Pausen

Pausen sind notwendig – deshalb solltest du sie dir in deinem Kalender notieren. Wenn ich ein großes Projekt stemme, plane ich inzwischen konsequent Pausentage ein. Merke ich im Laufe eines Tages, festzustecken dann schnappe ich mir den Hund und gehe eine Runde. Danach bin ich frischer und ausgeruhter, alles wird leichter.

„Nichts bringt uns auf unserem Weg besser voran als eine Pause."
Elizabeth Barrett-Browning

Selbstständig zu sein bedeutet nicht automatisch „selbst und ständig". Ja, dein Business ist mit deinem Leben verbunden, sicherlich bist du immer auf der Suche nach Inspiration ... Und wenn dich eine Idee im Urlaub findet, dann setzt du dich hin und arbeitest daran. Das tust du, weil du es möchtest. Doch genauso gut darfst du einfach Pause machen. Selbstständig sein bedeutet, selbst zu entscheiden. Und das ständig.

Tipps für Pausen im Alltag

- Plane tägliche Spaziergänge an der frischen Luft ein.
- Kurze Meditationen helfen zu entspannen: Du kannst sie vor oder zwischen den Arbeitseinheiten durchführen. Das ist auch ein guter Moment, um dir selbst etwas Nettes zu sagen. Freue dich über deine kleinen und großen Erfolge, klopf dir innerlich auf die Schulter ...
- Mit regelmäßigen Atemübungen hältst du den Energielevel und senkst den Stresspegel.
- Müde? Manchmal schafft eine erfrischende Dusche Abhilfe.
- Trinken nicht vergessen: Wasser ist super, ein Kaffee oder Tee zwischendrin helfen wieder auf die Sprünge.
- Während deiner Arbeitseinheiten ist das Handy tabu ... Das hilft, den Fokus zu halten.
- Power-Naps von 10 bis 20 Minuten sind eine verlässliche Energiequelle.
- Keine gute Idee in Sicht? Manchmal hilft ein nettes Telefonat.
- Und wenn du merkst: Heute geht gar nichts, dann geht eben auch mal nichts.

Vor Kurzem hatte ich einen Moment, da fühlte ich mich müde und leer. Wie ein altes, ausgewrungenes Handtuch. Aber es gab so viel zu tun, mich einfach hinzulegen ging nicht. Also bin ich mit dem Hund aufs Feld und habe überlegt, wie ich jetzt alles angehe.

Dabei wurde mir klar, dass ich die letzten Tage viel am Bildschirm gearbeitet hatte und dringend etwas anderes sehen musste. Deswegen räumte ich kurzentschlossen mit einer Kollegin eine fiese Rumpelecke im Laden auf. Plötzlich kamen wir so in den Flow, dass wir noch einige Regale und Tische versetzten und fast den ganzen Laden neu strukturierten. An einem Tag, an dem ich dachte, dass gar nichts geht … Das setzte positive Energie frei, es war genial. Und am nächsten Tag war ich froh, wieder am Schreibtisch sitzen zu können. In einem wunderbar aufgeräumten Laden.

Aus dem Nähkästchen

Wer kennt das nicht: Als kreative Selbstständige könntest du immer noch ein Projekt machen. Natürlich hast du immer noch eine Idee. Natürlich ist immer irgendetwas noch nicht fertig. Das macht nichts. Genau deshalb darfst du dich zurücklehnen, dir auf die Schulter klopfen für alles, was du bis hierher bereits erreicht hast und darauf vertrauen, dass morgen auch noch ein Tag ist.

Es gibt Tage, da geht nichts. Aber du solltest deine Produktivität nicht von einer Stimmung abhängig machen. Dazu ist deine Arbeit zu wertvoll. Bei mir beispielsweise hebt Arbeiten oft die Laune, es fühlt sich gut an, etwas erledigt zu haben. Das nimmt mir keine Energie, sondern gibt mir welche. Aber bitte hol dir Hilfe, wenn du merkst, es ist mehr als nur ein kleiner Durchhänger. Wir neigen viel zu oft dazu, uns zu überfordern.

Planung und Rituale

Routinen schaffen Raum.

Stell dir folgende Situation vor: Eine Mitarbeiterin kommt zu dir mit der Bitte um mehr Zeit für ein bestimmtes Projekt. Wenn dir das Ganze sinnvoll erscheint, würdest du sie unterstützen und Arbeitsabläufe entsprechend verändern. Keine Frage, oder?

Für uns selbst hingegen denken wir leider nicht so. Wir meinen oft, dass alles noch zusätzlich geht, dass alles irgendwie schon wird. Aber nein, so funktioniert es leider nicht. Du brauchst einen Plan. Denn wenn du spürst, du arbeitest zu selten kreativ, dann muss du dir diese Zeit fest einplanen und dich ernsthaft daran halten.

Deshalb ist es so klug, mit einem Tagesplan, einem Wochenplan, einem Monatsplan und einem Jahresplan deinem Leben eine Struktur zu geben. Selbstverständlich werden die Pläne x-mal umgeworfen – wenn der Hund plötzlich zum Tierarzt muss, wenn ein Kind dich braucht, wenn die beste Freundin Kummer hat oder wenn auf der Straße eine verletzte Taube liegt ... Aber eine gute Planung hat ausreichend Puffer und kann Unvorhergesehenes ausgleichen. Außerdem sollte jede Planung die Aufgabenfelder eindeutig benennen – für dich, deine Mitarbeiter/-innen und deine Familie. Das schafft Flexibilität.

Aus dem Nähkästchen

Das Gute ist, dass man als Selbstständige/-r seine Zeit in hohem Maße frei einteilen kann. Für mich hat sich die Kombination eines eher minimalistischen Lebensstils mit der Konzentration auf meine Arbeit als gut erwiesen: Ich nehme mir Zeit für meine Familie und engen Freunde. Ich habe Zeit für mein Business, in dem ich Dinge tun und umsetzen kann, die mir am Herzen liegen. Ich arbeite viele Stunden, wobei meine Arbeit auch meine Freude ist (außer bei der Steuer etc. ...). Das ist es.

Aber klar: Oft bin ich an den Wochenenden am Schreibtisch, an der Nähmaschine, im Laden. Ich sitze oft nachts noch an einem Text oder einem Post. Das ist so, weil ich es so möchte. Weil es mir in dem Moment richtig erscheint. Aber ich gleiche das immer mit Pausen an einem anderen Tag aus.

Dein Leben ist nicht deine Arbeit, aber bei uns kreativen Selbstständigen ist beides eng verflochten. Ich kann und will meine Arbeit nicht von meinem Leben trennen, es gehört zusammen. Umso wichtiger, dir Zeit für dich und deine Lieben zu nehmen.

Sicher, das Leben ist komplex und nur zum Teil planbar. Wenn du jedoch feste Strukturen hast, musst du über manches nicht mehr nachdenken. Vielleicht kennst du das Mark-Zuckerberg-Prinzip? Zuckerberg trägt grundsätzlich ein graues Shirt und Jeans. Denn Tag für Tag muss er viele und weitreichende Entscheidungen treffen, aber unser Gehirn hat dafür täglich nur eine bestimmte Kapazität. Sonst wird es müde. Also hat Zuckerberg die Frage nach seiner täglichen Kleidung ein für allemal für sich beantwortet – eine Entscheidung weniger pro Tag …

Hier als Beispiel mein Tagesplan und Wochenplan, mit allen Alltagsroutinen.

Wie sehen deine Strukturen und Routinen aus? Schreibe sie auf!

Tagesplan:

7:00 Uhr:	Waschmaschine, Bad wischen, Spülmaschine
7:30 Uhr:	Hunderunde, füttern
8:00–10:00 Uhr:	Tagesplan und Wochenziele, Posts planen und schreiben, evtl. Arbeit am Newsletter, Projekte planen, nähen je nach Wochenplan
10:00 Uhr:	Laden öffnen, je nach Bedarf: Aufgabenverteilung Mitarbeiterinnen für den Tag und die Woche, Bestellungen packen, Post, Bestandsaufnahme, Nachbestellung bei Lieferanten, Aktualisierung wichtigster Produkte im Online-Shop, Instagram-Story
13:00 Uhr:	Laden schließen, heimfahren, kochen, Pause
14:00 Uhr:	Essen, ein bisschen Reden, Kaffee
15:00–18:00 Uhr:	Laden
18:00 Uhr:	Einkaufen (montags)

Wochenplan:

Montag:	Planen, Überblick, Order
Dienstag:	Nähen und Fotografieren
Mittwoch:	Newsletter schreiben
Donnerstag:	morgens Haushalt und nachmittags Schreibtisch
Freitag:	Shop aktualisieren für das Wochenende

Außerdem: Unter der Woche erledigt mein Mann die Einkäufe, er ist auch fürs Abendessen und das Essen am Wochenende zuständig. Jeden Freitagabend gehen mein Mann und ich essen.

KAPITEL 11

RUND UMS LIEBE GELD

Der Wert kreativer Arbeit

Unser Umgang mit Geld hat jede Menge mit Psychologie und unseren verinnerlichten Glaubenssätzen zu tun – auf Neudeutsch heißt das Ganze Mindset.

„Geld ist der Schlüssel zur Freiheit."
Coco Chanel

Gerade als Kreative schieben wir das Thema oft weit weg, es hat keine Priorität. Nicht viel Geld mit unserer Arbeit zu verdienen, gehört irgendwie dazu. Aber das ist nicht charmant, das ist gefährlich und nicht gut für dich. Das Märchen vom armen Poeten mag auf einem Bild von Carl Spitzweg hübsch anzuschauen sein, doch mal ehrlich: Niemand möchte in einer alten Dachkammer leben, in der es von der Decke tropft.

Die Finanzen sind ein wichtiges Thema der Selbstständigkeit, an dem niemand vorbeikommt. Es liegt an uns, für unsere Arbeit, den materiellen Wert unserer Arbeitszeit und unser Können einzustehen.

Leider wird im Kreativbereich Arbeit oft nicht als Arbeit betrachtet. Denn wenn etwas Freude macht, kann das Ganze nicht auch noch Geld einbringen. So werden bis heute kreative Arbeitsfelder rasch als Hobby eingeordnet – ein Vorurteil, mit dem du über kurz und lang wirst umgehen müssen.

Wir zeigen wunderschöne, federleichte Bilder unserer Werke, alles sieht locker aus, so einfach, wie ein einziger Riesen-Spaß. Das ist es auch, aber hinter dem Bild steckt eine Menge Arbeit. Es liegt an uns, das zu kommunizieren und unsere Kunden und Kundinnen bei den kleinteiligen Prozessen mitzunehmen. Dabei geht es nicht um eine defensive Rechtfertigung deiner Preise, sondern um die Transparenz, mit der deine Kundschaft sieht, was alles dazugehört.

„Know your worth, then add tax."
Anonym

Ich glaube, dass es noch nie so einfach war, im Kreativbereich ein Business aufzubauen. Aber du musst die Werkzeuge kennen und nutzen. Die Regeln haben sich durch das Internet und Social Media komplett geändert. Also, erzähl von deinen Arbeitsprozessen – und berechne deine Preise und Honorare so, dass du wirklich Gewinn machst.

Mehr rund um Social-Media-Marketing erfährst du ab Seite 91.

Viele denken, meine Arbeit sei es, im Laden zu stehen und Stoff zuzuschneiden. Das ist es nicht. Das ist nur der kleinste Teil. Meine Arbeit ist es vor allem, dafür zu sorgen, dass wir sichtbar sind, damit meine Kolleginnen und ich für jemanden Stoff zuschneiden können. Das geht von der Entscheidung, welche Stoffe wir einkaufen, welche Projekte wir umsetzen, welche Anleitungen wir damit zeigen, über Blogbeiträge, Newsletter, Social Media, Planung und Durchführung von Projekten bis hin zu Mitarbeitergesprächen, Abstimmung mit dem Steuerberater, Controlling, den Müll raustragen, die Regale saugen und die Mülltonne rausstellen .... Kontakt zu Herstellern halten, Netzwerke aufbauen, Ideen entwickeln und umsetzen, Schnee schippen ... Das alles gehört dazu.

Von Reichweiten und Gratisbrötchen

Ein Media-Kit hilft, sich nach außen professionell zu positionieren.

Als Kreative wird man gerne von Freunden, Nachbarn oder Bekannten um kleinere Gefallen gebeten. Und natürlich helfen wir alle gerne, aber wenn du dich in kreativen Gefälligkeiten verlierst, fehlt dir die Zeit, um an deinen eigenen Ideen zu arbeiten und diese voranzubringen. Deswegen mein Rat: Arbeite nur im Ausnahmefall umsonst. Solche Anfragen werden kommen – und manchmal wirst du mit Reichweite oder der Steigerung deines Bekanntheitsgrades geködert. Ja, vielleicht ist es eine Variante, um zu lernen, wie man bestimmte Projekte angeht. Doch leider werden Vermieter, Finanzamt und die Bäckerei nebenan Reichweite oder Bekanntheitsgrad nicht als Zahlungsmittel akzeptieren. Trau dich also, deiner Arbeit einen realen Wert zu geben.

Eine gute Möglichkeit, seine Preise klar zu kommunizieren, ist ein Media-Kit: Du stellst zusammen, welche Projekte du schon umgesetzt hast, wie viele Follower du auf verschiedenen Kanälen hast und was der Nutzen der Zusammenarbeit mit dir für die Firma, die Zeitschrift oder den Verlag sein kann. Du gibst deine Honorarvorstellung an, erzählst über deinen Hintergrund und Werdegang. Als Richtwert für die Berechnung kannst du deinen Stundensatz mal der geplanten Zeitdauer rechnen.

Mit deinem Media-Kit schreibst du Firmen an, wendest dich an ein Magazin, in dem du gerne eine Anleitung veröffentlichen möchtest, um Werbung für deine Produkte zu machen. Oder du sendest es an den Hersteller deiner Lieblings-Lettering-Stifte, weil du eine Super-Idee für eine Anleitung hast und gerne dort einen Fuß in die Tür bekommen möchtest.

Geld planen – Wünsche, Ziele, Zahlen

„If it's not a 'Hell, Yes!', it's a 'No'."
Derek Sivers

Auch wenn so manch Online-Seminar damit wirbt: Es dürfte schwierig werden, in fünf Tagen zum Millionär zu werden, nur wenn wir fest an unser Ziel glauben und es ausreichend klar visualisieren ... Solch glitzernde Heilsversprechen sind sicherlich Mumpitz, enthalten jedoch ein Körnchen Wahrheit: Wenn du nicht weißt, was du erreichen möchtest, wird es schwierig, an dein Ziel zu kommen. Wie die Seefahrer von früher brauchst du einen Polarstern, an dem du dich ausrichten kannst. Die Basis ist immer das Warum deiner Unternehmung. Dazu gehört auch die Vorstellung, wohin dich das Ganze finanziell führen soll.

Die Umsatzplanung

Meiner Erfahrung nach hilft es ungemein, deine finanziellen Ziele tatsächlich aufzuschreiben: Zu Jahresbeginn notierst du deinen geplanten Jahresumsatz. Setze dir deine finanziellen Ziele so, dass du es kaum glauben kannst, sie zu erreichen. Dann brichst du das Jahresziel in kleinere Teilziele herunter – in Monats-, Wochen- und Tagesumsatz. Schau dir diese Zahlen gut an. Dann einmal tief durchatmen und loslegen.

Aus dem Nähkästchen

Ich fand es immer wichtig, finanziell unabhängig zu sein. Das ging nicht, während die Kinder klein waren. Doch hatten wir klare Absprachen, die wir auch schriftlich fixiert haben. Ich könnte nachts nicht gut schlafen, wenn mich große finanzielle Sorgen plagen würden. Deshalb habe ich klein gestartet und eine Weile von meinem Ersparten sehr, sehr bescheiden gelebt. Das hat mir aber nichts ausgemacht, ich wusste, wofür ich das tue. Außerdem hatte ich vor lauter Arbeit und Ideen eh keine Zeit, mir über Konsum Gedanken zu machen. Ich habe meine finanzielle, mentale und körperliche Energie für 2 Jahre gebündelt und nur für meine Familie und mein Business gelebt. Aber ich hatte keine Schulden und plötzlich einen Laden voller Waren, der mir gehörte. Das war keine Zauberei, das war kein Glück, das war Arbeit.

- Was möchtest du dieses Jahr / diesen Monat / diese Woche finanziell erreichen?
- Welche Aufträge nimmst du an, welche Projekte planst du, die auf dein Ziel einzahlen?
- Wie steuerst du deine Marketing- / Social-Media-Aktivitäten, um das gewünschte Ziel zu erreichen?
- Welche Kooperationen gehst du ein, die dich deinem Ziel näherbringen?
- Welche Produkte könnten in diesem Monat / in dieser Woche im Mittelpunkt deiner Arbeit stehen?
- Was kannst du heute tun, um dein Ziel zu erreichen? Was könntest du fotografieren, bewerben, auf den Weg bringen?
- Und nicht zuletzt: Wie sieht deine Investitions- und Liquiditätsplanung aus?

Schritt 1: Bestandsaufnahme

Die besten Pläne nutzen nichts, wenn du deinen Ausgangspunkt nicht kennst. Sei also ehrlich zu dir selbst und notiere deine tatsächliche, aktuelle finanzielle Situation.

Kläre deine Vermögenswerte und deine Schulden. Einschließlich aller ausstehenden Rechnungen oder steuerlichen Verbindlichkeiten. Ruf deine Versicherung an und lass dir die aktuellen Werte deiner Lebens- und Rentenversicherungen geben. Schreibe genau auf, wie hoch dein Vermögen ist – Bankguthaben, Immobilien, Firmenanteile ... Wenn da schließlich eine Null oder Schulden stehen, dann ist das so. Tricksen hilft nicht.

Schritt 2: Liquidität

Wichtig ist, dass du dir über deine privaten und geschäftlichen Fixkosten jederzeit im Klaren bist. Überlass das nicht einem Partner. Du musst deine Verbindlichkeiten kennen, den Betrag der ausstehenden Rechnungen sehen und wissen, wo du umsatzmäßig aktuell stehst.

Private Fixkosten:

- Miete und / oder Kreditraten
- Telefon und Internet
- Müllgebühren
- GEZ
- Netflix etc.
- Zeitungs-Abos
- Fitness-Studio, Yoga etc.
- Auto
- Hundesteuer
- Versicherungen
- Strom
- Wasser
- Heizung
- Kontoführung
- Lebenshaltungskosten (durchschnittliche Kosten für Lebens- und Gebrauchsmittel)

Vielleicht gibt es hier und da ein bisschen Sparpotential, im Zuge deiner Auflistung lässt sich das gut überprüfen.

Geschäftlich:

- Miete
- Telefon und Internet
- GEZ
- Auto
- Strom
- Löhne, Lohnnebenkosten
- Rentenversicherung
- Sozialversicherungsbeiträge
- Beiträge Berufsgenossenschaft
- Steuerberatung
- Versicherungen
- Wasser
- Müllgebühren
- Versicherungen rund ums Gewerbe
- Online-Programme
- Kassensysteme
- Fensterputzer

Schritt 3: Rentenklärung

Wie hoch wird deine staatliche Rente sein?
Informiere dich darüber genau!
Hier ein paar Leitfragen zur Orientierung:

- Wie alt bist du?
- Wie viele Jahre möchtest du noch arbeiten?
- Welche Träume möchtest du dir erfüllen?
- Erhältst du eine gesetzliche Rentenversicherung?
- Welche privaten Rentenversicherungen hast du bereits abgeschlossen?
- Wie hoch wird deren Ausschüttung monatlich sein?
- Hast du eine betriebliche Altersvorsorge?
- Hast du schon einmal über ein Investment in Aktien nachgedacht?
- Besitzt du Immobilien? Gibt es evtl. Einnahmen?
- Wirst du von diesem Betrag im Alter leben können?
- Und wenn nicht: Was kannst du jetzt tun, um den fehlenden monatlichen Betrag anzusparen?

Deine Rentenabsicherung sollte unabhängig von deiner Partnerschaft Bestand haben. Das ist weder ein schlimmes Omen noch ein Misstrauensbeweis. Es ist unverzichtbar, das Szenario durchzurechnen, falls du für dich alleine sorgen musst.

Aus dem Nähkästchen

Ich wünsche dir für deine Beziehung das Allerbeste, aber es macht Sinn, finanziell unabhängig zu sein. Klar gibt es Phasen, in denen das schwieriger ist. Als unsere Kinder kleiner waren, habe ich die Familienarbeit übernommen und nur Minijobs oder Teilzeit gearbeitet … Für 15 Jahre. Aber wir hatten einen genauen Plan, bei dem wir weiter in meine privaten Rentenversicherungen eingezahlt haben und wir haben für uns schriftlich festgehalten, dass das zu meinem Vermögen gehört und nicht in die Zugewinn-Gemeinschaft fällt.

Finanzpolster

Puffer sind wichtig im Business – zeitliche, energetische und finanzielle. Manchmal musst du ein Risiko auf all diesen Ebenen eingehen, manchmal muss der Sprung ins kalte Wasser sein. Aber du solltest dir bewusst machen, wie du dastehst, bevor du ein Risiko eingehst. Ein Puffer, ein Sparstrumpf, ein Notgroschen, ein Sicherheitsnetz ... das brauchst du auf jeden Fall. Das kannst du aber auch aufbauen und von Beginn an in deine Finanzplanung einbeziehen. Dann wird ein Teil deines Gewinns in den Aufbau des Notgroschens investiert.

Dein finanzieller Puffer sollte dich mindestens drei Monate ohne Einnahmen tragen können.

Deine finanzielle Reserve sollte dich mit deinen privaten und geschäftlichen Fixkosten drei Monate tragen. Damit lässt sich ein gebrochenes Bein oder eine persönliche Krise, die deine komplette Aufmerksamkeit erfordert, aussitzen. Oder du kannst etwas Zeit in ein bestimmtes Projekt investieren, während deine Fixkosten weiterlaufen.

Der Businessplan

Die Überprüfung deines finanziellen Stands ist Teil des Businessplans und der Tragfähigkeitsanalyse. Egal, ob du zur Finanzierung deines Business einen Kredit benötigst oder nicht: Ich empfehle dir in jedem Fall, einen Businessplan in Zusammenarbeit mit Bank, Beratern, Freunden, einem Steuerberater aufzustellen. Beleuchte deine Idee von den unterschiedlichsten Seiten. Das hilft dir, Klarheit zu gewinnen.

Mehr zum Erstellen eines Businessplans findest du ab Seite 48.

Aus dem Nähkästchen

Auch in finanziellen Angelegenheiten hilft bei Bedarf ein Coaching. Jemand Vertrauenswürdiges zu finden, ist allerdings nicht immer einfach: Spannend finde ich zu sehen, was diese Coaches in ihrem Leben sonst schon so gemacht haben: Konnten sie beispielsweise ein erfolgreiches Business aufbauen, bevor sie zu Beratern wurden? Schau genau hin: Es gibt wahnsinnig gute Coaches, aber auch unglaubliche Luftnummern.

KAPITEL 12

FISCHER
ELIZABETH GILBERT
BIG MAGIC
WHY WE QUILT
KNAUER
Storey
THAT HANDMADE TOUCH
SVETLANA SOTAK
Amanda Jean Nyberg and Cheryl Arkison
Sunday Morning Quilts
handmade STYLE
ANNA GRAHAM
Haupt
BURKE HARRIS
Quiltessential
Haupt
STOFF trifft PAPIER
Michaela Müller
Making a Life
Melanie Falick

WEITERBILDUNG
Der Blick von außen

Eine wunderbare Seite der Selbstständigkeit ist, immer weiter lernen zu können – sowohl auf fachlicher als auch auf persönlicher Ebene. Denn du weißt: Dein Business lebt durch dich, deine Persönlichkeit ist der Mittelpunkt des Ganzen.

Wenn du dein Unternehmen aufbaust, ist es eine gute Idee, den Prozess mit Experten/-innen zu begleiten. Dadurch erhältst du wertvolle Impulse, statt im eigenen Saft zu schmoren. Du brauchst eine klare Idee, was dein Business ausmacht. Du musst es kurz und knapp deinem Gegenüber erklären können, auf den Punkt bringen. Es ist sehr sinnvoll, das gemeinsam herauszufiltern. Denn dir selbst kannst du schlecht etwas erklären.

Die Sicht von außen ist Gold wert.

Nun ist der Markt mit Coaching- und Weiterbildungsangeboten gut gefüllt, weswegen es nicht gerade leicht ist, die für dich geeigneten Angebote herauszufiltern. Mein Tipp: Lass die lärmenden Marktschreier links liegen, die dir sechsstellige Umsätze in wenigen Wochen versprechen. Schau dir deine Business-Idole an, oft findest du bei ihnen hilfreiche Informationen, mit wem sie zusammenarbeiten.

Wenn du bereits klar weißt, wohin du mit deinem Business möchtest, suche dir Experten/-innen für die Teilbereiche, für die du Unterstützung brauchst. Wenn deine Geschäftsidee noch nicht klar umrissen ist, dann such dir Unterstützung, um dein Ziel eindeutig zu definieren.

Investition in dich selbst

Zu oft denken wir, nicht ausreichend Geld und Zeit zu haben, um in uns zu investieren. Doch hier beißt sich die Katze in den Schwanz: Denn ohne gute, professionelle Bilder wird deine Website nicht überzeugen. Ohne ein klares Branding wird dein Auftritt die Menschen nicht erreichen. Wenn du dich nicht auf deine Ziele fokussierst, wird das ganze Unterfangen schwierig. Wir können nicht alles alleine und manchmal braucht es eben Unterstützung. Wir können und müssen nicht alles können.

Sei es dir wert, in dich zu investieren, zu lernen und zu wachsen.

Sehr oft sind Weiterbildungen oder Coachings eine wertvolle Abkürzung – und die gesparte Zeit kannst du wiederum in deine Ziele investieren. Rein betriebswirtschaftlich lohnen sich also Investitionen in deine Expertise und deine persönliche Entwicklung. Denn du selbst bist dein allerwertvollstes Kapital.

Ehrlich gesagt, habe ich in dieser Hinsicht öfter am falschen Ende gespart, auch das musste ich mit der Zeit lernen. Meine erste Investition in professionelle Fotos tat wirklich weh, aber es hat sich dutzendfach ausbezahlt. Allein das gewonnene Selbstvertrauen, mich endlich vor die Kamera stellen zu können … der erste Schritt auf dem Weg dahin, dass ich mich heute live vor Hunderten von Leuten auf Instagram zeigen kann. Diese Live-Verkäufe haben uns durch die Pandemie getragen.

Aus dem Nähkästchen

Lernen im Netzwerk

Als Solopreneur/-in fühlst du dich ab und an ein bisschen allein. Schon deshalb ist es wichtig, dir von außen Feedback und Input zu holen. Mit der Zeit und ein bisschen Glück findest du außerdem Business-Buddies, mit denen du dich offen und ehrlich austauschen kannst.

Inzwischen wende ich mich mit Fragen oft an Kolleginnen oder Kollegen. Und sie wenden sich mit ihren Anliegen gerne an mich. Das ist die Stärke eines Netzwerks, das du dir Schritt für Schritt aufbaust. Dann erhältst du Empfehlungen und Impulse, die zu dir passen. Du findest Menschen, mit denen du nicht nur zusammenarbeitest, sondern die zu Wegbegleitern werden. Und so schön Social Media ist, irgendwann kommt der Punkt, an dem du Menschen auch persönlich treffen möchtest. Ich bin schon weite Wege gefahren und habe mich mit anderen auf Messen oder Workshops verabredet. Das persönliche Kennenlernen festigt die Beziehungen und das gemeinsame Erlebnis verbindet. Nicht zuletzt ist die Wahrscheinlichkeit, während deiner Weiterbildungen wunderbare Gleichgesinnte zu treffen, ziemlich hoch.

Stetige Weiterentwicklung

Ich glaube fest an lebenslanges Lernen. Es gibt Studien darüber, dass wissbegierige Menschen länger geistig fit bleiben und ein erfüllteres Leben führen.

Auch wenn dein Geschäft schon eine Weile besteht und gut läuft, ist es meine feste Überzeugung, dass du nicht stehen bleiben solltest. Nehmen wir an, du hast eine klare Idee, einige Renner in deinem Sortiment und Stammkunden. Du brauchst deinen Stil nicht zu verändern, aber ohne Weiterentwicklung wird das einschlafen. Es fehlt an Dynamik, an Lebendigkeit. Denn die Welt dreht sich immer weiter.

Es geht darum, die Asche zurückzulassen, aber das Feuer weiterzutragen.

Kein Mensch kann immer nur geben. Aus einem leeren Krug kannst du niemandem etwas einschenken. Also ist es dein Job – als deine eigene Führungskraft – dafür zu sorgen, dass es dir gut geht, dass dein Krug gut gefüllt ist.

Meine Großeltern führten gemeinsam mit meinen Eltern eine Bäckerei. Der Zwetschgenkuchen und die Neujahrsbrezeln meiner Oma waren legendär. Die Bäckerei schloss in den 1970ern, 2015 war ich im Auto unterwegs und fragte mitten im Nirgendwo einen älteren Herrn nach dem Weg. Wir kamen ein bisschen ins Plaudern und er erzählte, dass er aus dem kleinen Heimatort besagter Bäckerei kam. Und er erinnerte sich genau an meine Oma, schwärmte von ihrem wunderbaren Gebäck …

Ich bin sicher: Die Bäckerei hätte bis heute Erfolg damit. Doch meine Mutter erzählte mir auch, dass sie mit der älteren Generation erst so einige Diskussionen führen musste, bis sie das erste Vollkornbrot im Laden verkaufen konnten …

Und genau das ist es: Den Zwetschgenkuchen, die Neujahrsbrezel und Klassiker im Sortiment zu haben und gleichzeitig das Vollkornbrot einzuführen. Man muss sicherlich nicht jeden Trend mitgehen, aber auch nicht die Augen vor neuen Entwicklungen verschließen.

Aus dem Nähkästchen

Du kannst alles lernen und dich in alles hineinfuchsen. So gibt es die schöne Geschichte einer erfolgreichen Isländerin: Sie hatte die Idee, eine Brauerei zu gründen. Nur hatte sie vom Bierbrauen leider keine Ahnung. Trotzdem hielt sie an ihrem Herzensprojekt fest, flog nach Polen, um alles übers Bierbrauen zu lernen, und leitet heute die größte, privat geführte Brauerei Islands. Alles ist möglich. Und wenn andere das können, kannst du das auch.

Dein Weiterbildungskompass

Wie gesagt, der Weiterbildungsmarkt ist gut bestückt, online wie offline. Da gilt es, sich in aller Ruhe etwas Passendes zu suchen. Und es müssen nicht immer Kurse sein: Auch Bücher oder Podcasts öffnen neue Horizonte.

- Stehst du am Beginn deiner Selbstständigkeit? Könnte dein Geschäft besser laufen? Oder hast du eine Idee, wie du dein bereits funktionierendes Business um ein neues Segment ergänzen möchtest? Dann helfen Einzelcoachings bzw. kleinere Gruppenprogramme, deine Ziele umzusetzen.

- Gibst du Workshops? Dann bist du auf immer lernend (und lehrend). Denn wenn man als Lehrende lediglich gibt, läuft man Gefahr, sein übliches Programm nur noch auf Autopilot herunterzurattern. Und das haben deine Kursteilnehmer nicht verdient. Als Lernende selbst Fortbildungen in anderen Techniken zu besuchen, gibt dir frischen Schwung und Input für deine eigenen Workshops.

- Möchtest du deine Offline-Workshops mit Online-Kursen ergänzen? Interessiert dich der Aspekt „Passives Einkommen"? Dann suche dir Kurse, die sich darauf spezialisiert haben.

- Scheust du dich ab und an vor der lieben Technik? Glaubst du, dass „Alles-Mit-Der-Website" deinen Horizont übersteigt? Leider blockieren wir uns in dieser Hinsicht viel zu oft selbst. Rund um technische Fragen gibt's jedoch jede Menge guter Tutorials, die weiterhelfen. Und wenn du dennoch nichts damit zu tun haben möchtest, delegiere das Ganze in Expertenhände.

- Bloggst du oder schreibst du einen Newsletter? Bei Bedarf gibt's auch hierfür spezialisierte Kurse und Weiterbildungen.

- Sind Zahlen und Steuern dir ein Graus? Möchtest du am liebsten nichts damit zu tun haben? Glaub mir, da bist du nicht allein ... Die gute Nachricht? Rund ums Thema Finanzen gibt's Bücher (und Kurse), die helfen, die Zahlenwelt entspannter anzugehen.

- Hast du bereits Mitarbeiter/-innen? Dann ist es klug, sich immer wieder mit Führungsthemen auseinanderzusetzen. Du kannst dich nicht selbst im Spiegel korrigieren, du brauchst ein Gegenüber, das dich spiegelt.

Dank

Seit ich klein war, wollte ich ein Buch schreiben. Alleine hätte ich das nie geschafft. Danke an das Team beim Haupt-Verlag für das Vertrauen, die Geduld und die mehr als kompetente Begleitung. Danke an Heidi, Michaela und Claudia.

Danke an Kitty für die Bilder. Du hast mir die Angst vor dem Fotografiert-Werden und Sich-Zeigen genommen, danke. Die Bilder sind dir fantastisch gelungen!

Danke an mein Team Petra, Ruth und Sabine. Ihr seid Heldinnen.
Danke an Jörg für das Korrekturlesen und deine Hilfe im Steuerdschungel.
Danke an meine Freunde Jürgen und Claudel, dass ihr mir an der entscheidenden Stelle Mut gemacht habt.

Danke an meinen Papa und meine Großeltern Lina und Helmut, die mit ihrem Leben ein sehr gutes Beispiel gegeben haben, wie man werteorientiert ein Business aufbaut, als diesen Begriff noch niemand kannte. Ich habe verstanden, dass ich ein Glied in einer Kette bin, die mich mit den Generationen vor mir und nach mir verbindet. Mein Bild von Unternehmen und ihrer Rolle in der Gesellschaft, das habt ihr geprägt.
Danke Papa, dass du dich so mit mir über das neue Geschäft gefreut hast und mir Mut gemacht hast.
Danke an meine Mama für das Wissen, dass Schönes sehr, sehr wichtig ist. Und für das Wissen, dass es nicht gut ist, seine Träume nicht mit Leben zu füllen.

Danke an Michi, meine Partnerin-in-crime, wie gut, dass du in meinem Ladeli vorbeigeschaut hast, darüber freue ich mich jeden Tag. Danke an meine Businessbuddies Michaela, Lisa, Stefanie, Jula, Jasna, Andrea, Angelina und Clarissa … Online oder offline, es ist so schön, mit euch zu arbeiten und ich kann so viel von euch lernen.

Danke an meine Kinder, Katharina, Timm und Marie, ich hätte keine besseren kriegen können. Ihr seid so sehr ihr selbst und es ist mir die größte Freude, euch beim Großwerden zuzusehen. Die Welt von morgen hat Glück, dass sie euch hat. Danke für eure Geduld mit eurer Mutter, wenn die mal wieder mit dem Kopf ganz woanders ist.

Danny, das Gute ist, du hast die Nerven und die Energie für die krasse Herde, die du dir da angelacht hast. Wir zwei haben schon eine Menge hingekriegt, was bin ich so froh, dass ich dich hab. Ohne dich wäre nichts so, wie es ist. Danke.

Literatur

Gilbert, Elizabeth: Big Magic. Nimm dein Leben in die Hand und es wird dir gelingen. Fischer 2017

Hammer, Thomas: Existenzgründung. In zehn Schritten zum Erfolg - Selbstständigkeit ohne Risiko - Beratung und Förderung - Business- und Finanzplan. Stiftung Warentest 2020 (2. Auflage)

Kobuss, Joachim / Bretz, Alexander: Erfolgreich als Designer - Designbusiness gründen und entwickeln. Birkhäuser 2017 (E-Book)

McKeown, Greg: Essentialismus: Die konsequente Suche nach Weniger: Ein neuer Minimalismus erobert die Welt. Unimedica 2021 (5. Auflage)

Monsch, Thomas: Ein Start-up gründen in der Schweiz. Compendio 2019.

Renk, Erik / Gebhardt, Michael: Das neue Gründen. Erfolgreich gründen in der digitalen Zeit - Chancen, Tipps und Geschäftsmodelle. REDLINE 2020

Sinek, Simon: Finde dein Warum. Der praktische Wegweiser zu deiner wahren Bestimmung. REDLINE 2018

Wegener, Franz/Adamaszek, Dirk: Rechtsgrundlagen für Kreative. Fundiert verkaufen mit DaWanda. Wegener & Adamaszek Rechtsanwälte GbR, 2016 (3. Auflage)

Quellen und Links:

Unternehmensgründung, allgemeine Informationen

www.bmwi.de
www.existenzgruender.de
www.bmdw.gv.at
www.wbf.admin.ch
www.kmu.admin.ch
Industrie- und Handelskammer (Deutschland) www.ihk.de
Kreditanstalt für Wiederaufbau www.kfw.de
Künstlersozialkasse (Deutschland) www.kuenstlersozialkasse.de

Online-Shop, Datenschutz, Impressum

www.shopify.de
www.swiss21.org/commerce/online-shop
www.wko.at

Businessplan

gruenderplattform.de
www.businessplan.ch
www.impulsschmiede.at/businessplan

Fotografie

www.kitty-fried.de
www.meinfeenstaub.com
www.katjaheil.de

Unternehmertum als Reise

www.garyvaynerchuk.com

Über die Autorin

Ein feines Stoffgeschäft, drei Kinder und jede Menge Ideen, das ist Dunja Supp. Seit 2012 selbstständig im Kreativbereich, erst auf DaWanda, dann mit einem eigenen Ladengeschäft und Online-Shop. Gestartet am Küchentisch mit einer Klappernähmaschine, hat das „Nähzimmer“ heute fünf Mitarbeiterinnen. Dunja steht für authentisches Unternehmertum und führt ihr Business mit viel Liebe zum Detail. Das Wissen aus der jahrelangen Tätigkeit als Bankkauffrau und Betriebswirtin (VWA) ist die Basis für den wirtschaftlichen Erfolg des „Nähzimmers mit Herz“. Dunja bietet zudem individuelle Business-Coachings an, mehr Informationen unter: www.naehzimmermitherz.de

1. Auflage: 2022
ISBN 978-3-258-60243-1

Umschlag, Gestaltung und Satz:
Michaela Müller, Müllerin Art Studio, D-Bergisch Gladbach
Lektorat: Claudia Huboi, kreisrund, D-Köln
Fotografie: Kitty Fried Photography, D-München

Alle Rechte vorbehalten.
Copyright © 2022 Haupt Verlag, Bern
Jede Art der Vervielfältigung ohne Genehmigung des Verlags ist unzulässig.

Wir verwenden FSC®-Papier. FSC® sichert die Nutzung der Wälder gemäß sozialen, ökonomischen und ökologischen Kriterien. Gedruckt in Deutschland

FSC
www.fsc.org
MIX
Papier aus verantwortungsvollen Quellen
FSC® C043106

Die Informationen wurden nach bestem Wissen zusammengestellt und mit aller Sorgfalt auf ihre Korrektheit hin überprüft. Dennoch können weder die Autorin noch der Verlag eine Haftung oder Garantie für die Vollständigkeit, Aktualität oder Richtigkeit der bereitgestellten Informationen übernehmen.

Diese Publikation ist in der Deutschen Nationalbibliografie verzeichnet. Mehr Informationen dazu finden Sie unter http://dnb.dnb.de.

Der Haupt Verlag wird vom Bundesamt für Kultur für die Jahre 2021–2024 unterstützt.

Wir verlegen unsere Bücher mit Freude und großem Engagement. Daher freuen wir uns immer über Anregungen zum Programm und schätzen Hinweise auf Fehler im Buch, sollten uns welche unterlaufen sein. Falls Sie regelmäßig Informationen über die aktuellen Titel im Bereich Gestalten erhalten möchten, folgen Sie uns über Social Media oder bleiben Sie via Newsletter auf dem neuesten Stand.

www.haupt.ch